초판 1쇄 발행 2025년 3월 15일

지은이 이선화
그린이 황재윤
디자인 루기룸
펴낸이 황영아

펴낸곳 마카롱플러스 미디어
등록 2023년 6월 1일
주소 서울시 광진구 아차산로 30길 36 2층 창업센터 102호
전화 02-400-3422
팩스 02-460-2398
메일 media.macaron@gmail.com
블로그 https://blog.naver.com/macaron_media
인스타그램 https://www.instagram.com/macaron.media

ⓒ이선화, 황재윤, 2025

ISBN 979-11-983377-7-1 74400
      979-11-983377-6-4 (세트)

*이 책의 무단 복사 및 전재는 저작권법에 위반됩니다.
*잘못된 책은 구입처에서 교환해드립니다.
*사진 출처 : Wikimedia Commons / ChatGPT / ⓒTesla Fans Schweiz, Unsplash / ⓒMorio, Frmorrison, Wikipedia / ⓒBrokenSphere, Steve Jurvetson, LunchboxLarry Wikimedia Commons / ⓒDC Studio, macrovector, Freepik / 이덕주 기자, 매일경제

AI 천재들의 작은 꿈이 만든 큰 세상

글 이선화 그림 황재윤

빅테크 리더들의 성장 스토리

마카롱+

📁 **작가의 말**

AI 시대를 이끌어나갈
차세대 주인공은 누구일까요?

여러분 혹시 CES에 대해 들어본 적 있나요? CES는 매년 1월 미국 라스베이거스에서 열리는 전자제품 박람회랍니다. 이 행사 기간에는 전 세계에서 가장 혁신적인 기술 기업의 제품들이 서로의 능력을 선보이며 선의의 경쟁을 합니다. 그 뿐만 아니라 각 회사의 CEO와 개발자 그리고 수많은 취재진과 참관객들이 한자리에 모이는 축제이기도 하지요.

매년 CES 행사가 열리면 화제가 되는 기술이 있습니다. CES 2025의 주인공은 무엇이었을까요? 바로 '인공지능'이었습니다. AI 로봇이 행사장 안내를 담당했고 관람객들은 로봇과 악수를 하며 즐거워했어요. 게다가 309개 기업들이 선보인 기술은 인간의 상상력을 뛰어넘어 마치 공상과학 영화 속 장면을 보는 듯한 착각이 들 정도로 놀라웠다고 합니다. 1년 전 CES 때보다 AI가 활용된 제품의 수가 두 배 정도 늘어났다고 하니, AI는 더 이상 미래가 아닌 현실이 되었습니다.

CES 2025 행사에서는 유독 한 명의 AI 리더가 화려한 스포트라이트를 받았어요. 그 주인공은 바로 엔비디아 CEO 젠슨 황이었습니다. 그를 만나기 위해 1만여 명이 넘는 인파가 행사장으로 몰려들었으니까요. 연설회가 있던 날, 젠슨 황은 자신의 트레이트 마크인 가죽 재킷을 입고 록스타처럼 무대에 올라 뜨거운 박수를 받았어요. 그리고 무대 배경 화면에 14개의 휴머노이드 로봇이 등장하자 그는 "휴머노이드 로봇이 AI의 새로운 미래입니다."라고 외쳤습니다.

로봇은 젠슨 황뿐만 아니라 AI 리더 모두가 주목하고 있어요. 일론 머스크도 테슬라의 옵티머스 로봇을 대량생산할 계획을 발표했고, 아마존의 CEO 제프 베이조스와 오픈AI의 CEO 샘 올트먼도 로봇 스타트업에 투자하면서 도전장을 냈으니까요. 이들이 어떤 대결을 펼칠지 너무 궁금하지 않나요?

AI는 전기처럼 사회·경제 전반에 영향을 미치는 기술이 되었어요. 우리가 인터넷을 벗어나 살 수 없듯이 앞으로는 AI가 인간의 삶 전반에 적용되는 시대가 된 것이지요. 영화 〈아이언맨〉 속 개인 비서 자비스처럼 사람과 대화가 가능한 '제2의 기계 인간'이 우리들의 일상과 함께할 거예요.

그리고 디지털 시대를 이끌었던 IT 리더들은 이제 AI로 인류의 문제를 해결하면서 새로운 성장의 가능성을 찾고 있습니다. 이들은 이미 AI를 가전기기와 로봇, 신약 개발, 기후과학, 금융, 엔터테인먼트까지 정말 다양한 분야에 적용해서 혁신적인 성과를 내고 있어요. 또한 그 영향력은 지구에서 우주까지 종횡무진 뻗어나가고 있어서 앞으로 어떤 미래를 만들어낼지 상상할 수 없을 정도랍니다.

《AI 천재들의 작은 꿈이 만든 큰 세상》에는 일론 머스크에서 샘 올트먼까지 AI 리더들의 어린 시절부터 현재까지의 생생한 성장 드라마가 담겨 있어요. 이들은 여러분들이 매일 쓰는 아이폰, 친구들과 소식을 나누는 인스타그램 그리고 우리집 전기차와 상상 속에서만 존재하던 우주여행, 챗GPT 등을 만든 창조자들입니다. AI 시대의 주역이기도 한 이들의 성공과 실패 그리고 영원히 끝나지 않을 것 같은 도전기는 한 편의 영화처럼 흥미진진하답니다.

   이들은 모두 뛰어난 두뇌를 타고난 것은 맞지만, 오늘날 이룬 성공의 비밀은 남다른 노력과 열정에 있습니다. 공통적으로 어린 시절부터 컴퓨터로 게임이나 프로그램을 만드는 '메이커'였으며, 책 속에서 길을 찾는 지독한 '독서광'이었으니까요. 또한 자신과 가족의 일상 속 문제를 스스로 해결하려는 의지가 남달랐습니다.

   생일날 선물로 받은 매킨토시 컴퓨터로 아버지 병원의 시스템 문제를 해결하거나, 게임을 만들어 정식으로 게임 회사에 팔기도 했어요. 고등학교 졸업식 때는 우주여행의 포부를 밝혀서 친구들의 놀림을 받았지만, 30여 년이 지난 후 그 꿈을 이루어내고야 맙니다.

   그런데 이들이 평범하고 행복하기만 한 유년기와 학창 시절을 보낸 것은 아니었어요. 부모님이 이혼하거나 친구들의 괴롭힘과 왕따를 당하는 등 어린 시절 불행한 일도 참 많이 겪었답니다. 하지만 세상에 대한 호기심이 그들의 힘든 유년 시절을 견디게 해주었지요. 무엇보다 그들은 도전과 실패를 두려워하지 않았어요. 끊임없이 꿈꾸고 실행하고 좌절하고 비난받았지만, 결코 포기하지 않은 채 다시 도전해서 결국 이루어냈습니다.

여러분들도 그들처럼 더 나은 세상을 만드는 혁신의 달인이 될 수 있어요. 이 책에서 그들의 생각법과 실행력의 비밀을 배우고 사소한 것부터 차근차근 실천해보세요. 훗날 여러분이 CES의 차세대 주인공이 될 수도 있답니다. 나만의 AI 에이전트와 AI 로봇을 만들어 전 세계 관람객들의 박수를 받고 혁신상의 주인공이 되는 꿈을 꾸고 도전해보시길 바랍니다.

이선화

 **차례**

작가의 말 AI 시대를 이끌어나갈 차세대 주인공은 누구일까요?

1장 책 속에서 미래를 읽은 혁신 사냥꾼, 일론 머스크 • 14

가장 먼저 미래에 도착한 사나이 | 톡톡 정보 | 도전하고 실패하고 다시 일어서는 혁신의 달인 | 물음표가 느낌표가 되는 순간! – 일론 머스크에게 물어보세요! | 일론 머스크를 몽상가가 아닌 혁신가로 만든 책들 | 일론 머스크가 영화에 출연했다고? | 톡톡 토론 | 여기서 잠깐!

2장 인공지능 시대를 연 챗GPT의 아버지, 샘 올트먼 • 38

스탠퍼드대학 입학 후 1년 만에 자퇴를 선언하다 | 세상을 단숨에 바꾼 챗GPT의 탄생 | 톡톡 정보 | 물음표가 느낌표가 되는 순간! – 샘 올트먼에게 물어보세요! | 실리콘밸리에서 성공하려면 대학을 그만두어야 한다고요? | 톡톡 토론 | 여기서 잠깐!

3장 IT계의 새로운 슈퍼스타, 젠슨 황 • 58

화장실 청소의 달인이 된 왕따 소년 | 아르바이트하던 식당에서 엔비디아를 창업하다 | '30일 뒤에 망한다'는 심정으로 매 순간 최선을 다한다 | 톡톡 정보 | 물음표가 느낌표가 되는 순간! – 젠슨 황에게 물어보세요! | 실리콘밸리 테크 영웅들이 똑같은 옷만 입는 이유는? | 톡톡 토론 | 여기서 잠깐!

4장 꿈꾸고 실행하기를 멈추지 않은 컴퓨터 덕후, 마크 저커버그 • 78

아무것도 하지 않으면 아무 일도 일어나지 않는다 | 톡톡 정보 | 페이스북 그리고 메타, 좋아하는 일에 미쳐야 이루어 낸다 | 물음표가 느낌표가 되는 순간! – 마크 저커버그에게 물어보세요! | 페이스북 이야기, 영화로 만들어지다! | 마크 저커버그와 일론 머스크가 '현피'를 뜬다고? | 톡톡 토론 | 여기서 잠깐!

5장 애플의 새로운 미래를 설계하다. 조용한 천재, 팀 쿡 • 100

앨라배마 남부의 시골 소년 쿡의 인생을 바꾼 한 장면 | 애플의 위기를 기회로 만든 쿡의 리더십 | 톡톡 정보 | 물음표가 느낌표가 되는 순간! – 팀 쿡에게 물어보세요! | 팀 쿡과 애플에 관한 흥미진진한 퀴즈 | 톡톡 토론 | 여기서 잠깐!

6장 발명과 방황으로 세상을 바꾸는 IT 전사, 제프 베이조스 • 120

비범한 천재에서 친절한 천재로 | 이젠 우주로, AI 시대에 내민 도전장 | 톡톡 정보 | 물음표가 느낌표가 되는 순간! – 제프 베이조스에게 물어보세요! | 베이조스의 '후회 최소화 프레임워크'를 아나요? | 실리콘밸리 기업들의 시작은 모두 허름한 창고였다 | 톡톡 토론 | 여기서 잠깐!

1장

책 속에서 미래를 읽은 혁신 사냥꾼
일론 머스크

– 테슬라 CEO –

"머스크, 이제 저녁 먹어야지."

"…."

"머스크! 엄마 말 안 들리니? 책 그만 읽고 밥 먹으러 와!"

방 한구석에서 몸을 잔뜩 웅크린 채 책을 읽고 있던 머스크는 엄마가 방문을 열고 들어와 불러도 꿈쩍하지 않았어요.

"도대체 오늘은 무슨 책을 읽고 있길래 엄마가 와도 모르니?"

"어, 엄마… 언제 왔어요?"

머스크는 그제야 책에서 눈을 떼고는 엄마를 바라보

앉어요. 어릴 때부터 지독한 책벌레였던 머스크는 집뿐 아니라 학교 도서관과 동네서점에서도 아주 유명인사였지요.

학교 수업이 끝나면 도서관 문이 닫힐 때까지 책을 읽었는데 그리고도 곧장 집으로 가지 않는 날이 더 많았답니다. 동네서점으로 달려가 또다시 책 속에 빠져든 것이지요. 그러다 서점에서 쫓겨나는 날도 많았습니다. 머스크는 그렇게 서점뿐 아니라 학교 도서관과 마을 도서관에 있는 책들까지 모조리 다 읽었어요. 가족들과 쇼핑하러 가서도 혼자 근처 서점을 찾아가 바닥에 주저앉은 채 책에 빠져들곤 했지요.

머스크는 어쩌다가 열혈 독서광이 되었을까요? 남달리 지적 호기심이 많기도 했지만, 친구들에게서 따돌림을 당한 탓도 있었어요. 늘 혼자 자기만의 세상에 빠져 있던 외톨이 소년을 구원해준 건 책이었죠. 하루 열 시간 넘게 책에 빠져 살았답니다. 집에 읽지 않은 책이 없을 때는 수십 권짜리 《브리태니커 백과사전》을 읽고 또

읽어서 통째로 외우다시피 했어요.

머스크의 엄마는 아들이 또래보다 뛰어난 지능을 갖고 있으며, 배움에 대한 열망이 남다르다는 걸 알고 있었어요. 다만 점점 더 혼자만의 세상에 빠져들어 말을 걸어도 반응을 하지 않는 날이 많아지자 점점 걱정되기 시작했죠. 혹시나 청력에 문제가 있는 건 아닌가 싶어 병원에도 여러 번 데려갔을 정도입니다.

"선생님, 저희 애가 가끔 소리를 잘 듣지 못하는 거 같아요."

"일단 청력에 문제가 있는지 검사부터 해보죠."

의사는 각종 검사를 한 뒤 청력을 개선하는 수술까지 제안했어요. 하지만 엄마는 병원을 나오면서 확신했습니다. 아들의 문제는 청력이 아니라 정신적인 부분과 연관이 있을 거라고요.

자기만의 생각에 몰입해서 다른 세계를 보는 아들을 이해한 유일한 사람은 엄마였어요. 머스크는 그렇게 책을 통해 세상의 모든 지식을 습득하면서 남들보다 앞서 세상을 읽어 나갔어요. 그러고는 거대한 꿈을 꾸면서 그것을 하나씩 현실로 바꿔 나갔죠.

가장 먼저 미래에 도착한 사나이

'난 이 세상을 구할 영웅이야.'

머스크는 친구들에게 괴롭힘을 당할 때마다 자신이 세상을 구하는 영웅이라고 상상하며 버텼지요. 한번은 심한 구타를 당해서 기절하는 바람에 일주일 동안 학교를 결석했어요. 동생인 킴벌은 형이 죽을까 봐 무서웠다고 할 정도로 당시에는 상태가 심각했답니다.

하지만 자신만의 세계가 굳건했던 머스크는 친구들의 정신적, 육체적 괴롭힘을 이겨냈어요. 그에게는 책에 이어 좋아하는 두 번째 친구가 있었거든요. 바로 '컴퓨터'지요. 게임을 좋아해서 시작한 컴퓨터 프로그래밍이었지만, 자신이 만든 소프트웨어로 돈을 벌 수 있다는 걸 깨닫고는 컴퓨터 코딩 프로그램 전문학교에 지원해서 선발됩니다. 열두 살 때는 슈팅 게임 '블래스터'를 만들어 컴퓨터 잡지에 500달러(한화 약 65만 원)나 받고 팔기도 했어요.

머스크는 뭐든 만드는 것으로 만족하지 않고 직접 팔러 다녔어요. 동생 킴벌 그리고 사촌 동생들과 폭약과 로켓을 만들기도 했고, 함께 만든 부활절 초콜릿 달걀을 부자 동네에 들고 가서 원가보다 몇 배 비싼 값에 팔기도 했어요. 그러다가 창업도 계획하게 됩니다.

"우리 비디오 게임방을 차려보면 어때?"

"진짜? 부모님들이 허락하실까?"

"부모님 모르게 해야지. 일단 게임방 차릴 장소부터 찾아보고 어떻게 하면 허가를 받을 수 있는지도 자세히 알아보자."

하지만 첫 번째 창업의 꿈은 좌절되고 말았습니다. 부모님 모르게 창업을 할 수 없었을 뿐 아니라 부모님이 허가 서류에 사인을 해주지 않았기 때문이죠. 머스크는 이미 그때부터 기술뿐 아니라 사업가적인 면에서

톡톡 정보

테슬라
미국의 대표적인 전기자동차 제조 업체이자 에너지 기업(2003년 창립). '지속 가능한 에너지로의 전환'이라는 비전 아래 2010년대 이후부터는 전기차 충전 인프라, 로봇, 자율주행, 재생 에너지 등으로 분야를 확장하고 있다.

스페이스X
미국의 우주탐사 기업(2002년 창립). 세계에서 가장 진보된 로켓과 우주선을 설계·제조·발사하고 있으며, 위성 인터넷 사업도 진행 중이다. 장기적으로는 화성의 식민지화를 시작으로 인류의 다행성 종족화를 목표로 하고 있다.

솔라시티
테슬라의 자회사인 태양에너지 서비스 기업(2006년 창립). 일론 머스크의 사촌인 린던 라이브와 피터 라이브가 설립한 회사로 2016년 테슬라에 인수되었다.

스타링크
스페이스X의 인공위성 인터넷 서비스. 지구 궤도에 소형 위성들을 쏘아 올려 전 세계 어느 곳이든 보다 싼 가격에 인터넷 서비스를 제공하겠다는 목표를 갖고 있다.

휴머노이드 로봇
인간의 모습과 같은 형태를 한 로봇이며, 인식 기능·운동 기능 면에서 인간과 같은 수준을 구현한다. 그러기 위해서는 로봇 기술의 총체적 발전이 궁극을 이루어야 하므로, 가장 고난도의 지능형 로봇이라 할 수 있다.

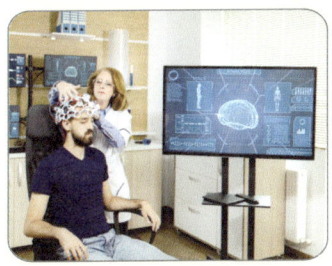

BCI(뇌-컴퓨터 인터페이스)
사람의 두뇌와 컴퓨터를 연결하는 '뇌-컴퓨터 인터페이스'를 말한다. 사이보그 인간의 탄생을 가능케 하는 기술이다.

AGI(범용인공지능)
인간과 비슷한 수준의 다양한 지적 작업을 수행할 수 있는 인공지능 시스템이다.

도 남다른 재능을 발휘했어요. 그에게 남아프리카공화국은 자신의 꿈을 실현하기에는 너무 좁고 답답한 나라였을 거예요. 결국 열일곱 살이 되던 해에 홀로 캐나다로 이민을 갑니다.

이후 본격적으로 모험에 가까운 도전을 합니다. 20대에 백만장자가 된 후에도 그는 거기에 안주하지 않습니다. 모든 재산을 새로운 사업 아이템에 쏟아붓고, 파산을 대비해 하루 생활비로 1달러만 쓰는 '1달러 프로젝트'를 예행 연습하지요. 냉동 핫도그와 오렌지만 먹으면서 생활하는 것이었어요.

그런데 이런 괴짜 같은 행동을 한 CEO가 한 명 더 있습니다. 바로 AI 반도체 대표 기업인 엔비디아의 CEO 젠슨 황이에요. 그도 회사가 30일 뒤에 망할 수 있다는 걸 가정하면서 경영하는 것으로 유명하지요. 미래에 닥칠지도 모르는 위험을 미리미리 대비하는 것이에요. 그런데 머스크는 20대에 이미 이런 생각을 했으니 사업가적인 기질이 대단한 사람이죠. 아마 성공에 대한 갈망은 실리콘밸리 CEO 중에서도 단연 최고라 할 수 있을 겁니다.

무엇보다 머스크는 남들보다 먼저 미래를 경험하고 온 것 같은 행보를 보여주었어요. 전기차와 자율주행 그리고 로봇까지 영역을 확장한 테슬라, 태양광 사업을 하는 솔라시티, 인류의 화성 이주를 꿈꾸며 세운 스페이스X까지 어린 시절 상상 속의 세계를 모두 구현해 내고 있으니까요.

그는 스페이스X를 통해 지구인과 화물을 화성으로 운송하고자 합니다. 또한 산소가 없는 화성에서는 가솔린차를 사용할 수 없으니 테슬라의 전기자동차를 보급할 계획이지요. 그리고 전기자동차의 에너지는 솔라시티에서 공급하고, 화성에서의 통신은 스타링크가 제공한다는 거대하면서도 구체적인 야망을 차근차근 실현해 내고 있어요.

이쯤 되면 일론 머스크야말로 '지구상에서 가장 먼저 미래에 도착한 남자'라는 수식어가 가장 잘 어울리는 사람이라는 확신이 듭니다.

도전하고 실패하고
다시 일어서는 혁신의 달인

오늘날의 성공을 이루기까지 머스크는 얼마나 많은 실패를 했을까요? 전기차와 자율주행 시대를 열어가겠다는 목표로 시작한 테슬라는 수많은 암초와 마주쳐야 했습니다. 그리고 스페이스X의 첫 로켓인 팰컨 1은 세 번의 실패 끝에 성공을 이루었어요. 그 과정에서 머스크는 '악몽에 시달리다 소리를 지르며 잠을 깰' 정도의 고통을 겪어야만 했지요.

당시 전 세계 언론들은 그의 실패와 고통을 경쟁적으로 기사화했습니다. 그러고는 머스크에게 '더 큰 성공을 꿈꿀 자격이 있느냐?'고 반문했죠.

당시를 회상하며 머스크는 이렇게 말했습니다. "사방에서 나를 공격했어요. 테슬라에 대한 부정적인 기사

가 쏟아져 나왔고, 스페이스X의 3차 발사 실패를 예상하는 기사도 많았죠. 이제 모든 상황이 끝장났다고 생각했어요."

하지만 머스크는 포기를 모르는 사람이었습니다. 누군가의 강요가 아닌 스스로 세운 꿈과 목표였기 때문입니다. 어린 시절부터 품어온 꿈을 이루기 위해 도전하고 실행하면서 겪는 실패는 성공을 위한 과정이라고 생각했지요.

실패를 해봐야 무엇이 잘못인지 파악하고 문제 해결의 실마리를 찾아서 다음 단계로 발전할 수 있습니다. 이것이 바로 머스크의 일하는 방식입니다. 어떤 일에 많이 실패해 본 사람은 그 일을 가장 잘 아는 사람이라는 말도 있으니까요.

2006년 팰컨 1이 하늘로 치솟다가 균형을 잃고 미친 듯이 회전하며 처박혔을 때였어요. 엔지니어들은 모두 고개를 떨구며 절망했지만 머스크는 흔들리지 않았죠. 대신 이미 발사에 성공한 기업들의 실패 기록을 되뇌며, 어떤 역경이 와도 반드시 성공해 내고 말겠다는 다짐을 했습니다.

그의 다짐대로 결국에는 성공해 냈지요. 하지만 머스크는 여기서 멈추지 않습니다. 한 번 쓰고 버려지던 로켓을 재활용하는 아이디어를 실현했어요. 그리고 미국 항공우주국(NASA)에서 3조 원이라는 엄청난 지원금을 약속받았어요. 우주를 향한 그의 꿈이 실현될 날이 점점 다가오고 있었죠.

하지만 다른 사업 분야에서 머스크의 고난은 끝도 없이 이어졌어요. 테슬라의 첫 전기 자동차 모델인 '로드스터'는 제때 출시하지 못했고, 출시 후에는 혹평을 받았어요. 2008년에는 전 세계 경제위기로 머스크의 모든 회사가 파산 직전 상황까지 갔지요. 하지만 그는 도전을 멈추지 않았습니다.

머스크는 이제 AI(인공지능) 제국을 꿈꾸고 있어요. 사람처럼 걸어 다니는 휴머노이드 로봇 '옵티머스'와 사람이 운전대를 잡지 않아도 자동차 스스로 이동하는 자율주행 서비스, 그리고 인간의 뇌에 컴퓨터 칩을 이식하는 BCI(뇌-컴퓨터 인터페이스) 기술 개발에도 성공했어요.

다음으로 머스크가 꿈꾸는 기술은 인간 수준의 지능을 갖춘 인공지능인 AGI, 우리 말로 '범용인공지능'이에요. 인공지능은 일부 작업에만 전문화되어 있는 단점이 있어요. 그러나 AGI는 모든 상황에 대응할 수 있는 학습 능력과 문제 해결 능력뿐만 아니라 창의성까지 갖추게 될 거예요. 예를 들면 영화 〈아이언맨〉 속 비서인 자비스가 바로 AGI라고 할 수 있죠. 하지만 영화 속에만 나오는 이야기는 아닙니다. 머지않아 우리도 AGI 비서를 두고 생활하는 날을 맞게 될 테니까요.

일론 머스크처럼 과학과 혁신의 한계를 뛰어넘기 위해 수많은 실패와 성공을 거듭한 경영자는 많지 않답니다. AI 세상에서도 그의 도전은 멈추지 않을 것이고, 우리는 그가 꿈꾸는 AI와 우주 시대에서 새로운 삶을 살게 될 거예요. ★

📁 물음표가 느낌표가 되는 순간! ▼

일론 머스크에게 물어보세요!

일론 머스크를 몽상가가 아닌 혁신가로 만든 책들

브리태니커 백과사전

"우리는 스스로 무엇을 모르는지 잘 모르잖아요? 하지만 백과사전에는 내가 모르는 것이 낱낱이 실려 있어요."

어린 시절 일론 머스크를 만물박사로 만든 책이에요. 가족들은 모르는 게 있으면 항상 머스크에게 물어봤는데 그때마다 그는 《브리태니커 백과사전》 속 지식으로 척척 답했어요.

반지의 제왕

"이 책에 나오는 영웅들을 보면서 세상을 구해야겠다는 의무감이 생겼죠."

머스크는 주로 판타지 소설을 많이 읽었어요. 그는 꿈꾸고 공상하기를 좋아했으니까요. 머스크는 이런 소설을 읽으면서 신기술로 세상의 문제를 해결하고, 세상을 구하는 자신의 모습을 상상했다고 해요.

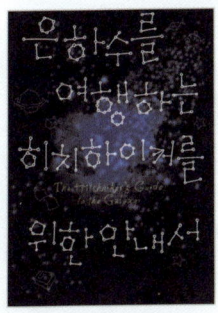

은하수를 여행하는 히치하이커를 위한 안내서

"어떤 질문을 해야 하는지 생각해 내는 것이 가장 어려운 일이에요. 이 책은 내게 그걸 알려줬어요."

머스크가 우주탐사를 꿈꾸고, 스페이스X를 만드는 데 밑거름이 된 책이에요. 이 책을 읽으면 실제로 우주여행을 하는 것처럼 느껴졌다고 해요.

파운데이션 시리즈

"이 책은 인류의 암흑 시대를 최대한 줄이기 위해 어떤 시도를 해야 할지 깨닫게 해주었어요."

총 7권의 장편 소설로, 미래 은하 제국의 몰락과 재탄생을 그리고 있는 책이에요. 일론 머스크는 이 책을 읽으면서 미래 세상과 우주탐험을 꿈꾸었다고 해요.

일론 머스크가 영화에 출연했다고?

**일론 머스크: 리얼 아이언맨
(2021년)**

삶 자체가 공상과학영화 못지않게 버라이어티한 일론 머스크의 모든 것을 담아낸 다큐멘터리 영화예요. 세계적인 기업가이자 공학자인 머스크의 사업과 인생이 좀 더 궁금하다면 이 영화를 보세요.

**아이언맨 2
(2010년)**

영화 〈아이언맨〉의 주인공 토니 스타크의 실제 모델이 일론 머스크라는 사실을 알고 있나요? 〈아이언맨〉의 작가 마크 퍼거스는 탁월한 재능과 재력, 쇼맨십까지 갖춘 일론 머스크에게 영감을 받아 토니 스타크 캐릭터를 만들었다고 해요. 그분만이 아니에요. 놀랍게도 일론 머스크는 〈아이언맨 2〉에 단역으로 출연하기도 했답니다.

"인공지능이 인간을 넘어 신의 영역에 도달한다면?! 인공지능 발전에 대한 규제가 필요할까요?"

스티븐 호킹
나는 인공지능이 인간을 완전히 대체할지 모른다는 우려를 한다.

일론 머스크
인공지능은 인간 문명의 존재에 대한 근본적 위협이 될 것이다.

　최근 들어 인공지능 개발 규제에 관한 논의가 뜨겁습니다. 인공지능이 인류의 삶에 긍정적 영향을 미치는 건 사실이지만 점점 발전해 가면서 부정적 영향에 대한 걱정도 많아지고 있기 때문이지요. 그렇다면 여러분은 인공지능 규제에 관해 어떻게 생각하나요?

인공지능 발전의 3단계

1단계: 약인공지능(Artificial Narrow Intelligence, ANI)
 특정 분야에서 정해진 업무만 처리하는 인공지능. 알파고(바둑), 구글 번역기(번역) 등이 있다.

2단계: 강인공지능(Artificial General Intelligence, AGI)
 다양한 영역의 과제를 인간과 같은 수준으로 해낼 수 있는 AI로 현재 개발 중이다. 이전 단계의 인공지능은 알파고(바둑)와 구글 번역기(번역)처럼 특정 분야에서 정해진 업무만 처리하는 인공지능이었다. 반면 AGI는 생각과 창조적인 능력 등에서 인간보다 더 똑똑한 AI라 할 수 있다.

3단계: 초인공지능(Artificial Super Intelligence, ASI)
 모든 인류의 지성을 합친 것보다 더 뛰어난 지적 능력을 가진 인공지능. ASI 개발에 성공한다면 그 시점이 바로 '특이점'이 된다. 인공지능 스스로가 자기를 개선하고 발전시키기 때문에 이 단계부터는 인간이 개입하기 어려워진다.

인공지능 시대를 연 챗GPT의 아버지, 샘 올트먼

— 오픈AI CEO —

"엄마 아빠, 고마워요! 이 컴퓨터는 저의 제일 친한 친구가 될 거예요."

"네가 좋아해 주니 우리도 기쁘구나."

"이제 코딩도 공부하고 게임도 만들어 볼 거예요."

샘 올트먼은 여덟 살 생일 선물로 부모님에게서 애플 매킨토시 컴퓨터를 받았어요. 너무 기뻐서 소리를 지르고 펄쩍펄쩍 뛰면서 좋아했지요. 그날 이후 가장 친한 친구가 생긴 올트먼은 매일 밤늦은 시간까지 컴퓨터로 자신만의 프로젝트를 만들어 나갔어요. 그리고 30여 년이 지난 후, 전 세계를 뒤흔든 AI 열풍의 주역이 되었습니다.

올트먼은 어릴 때부터 아주 뛰어난 영재성을 보였습니다. 두 살 때 집의 비니오테이프 녹화기(VCR)를 혼자서 다루기 시작했어요. 그뿐만이 아니에요. 전화번호 책자를 보고는 지역번호가 만들어지는 체계를 스스로 파악해서 어린이집 선생님들을 깜짝 놀라게 했습니다. 초등학생 시절부터 프로그래밍을 하고 PC 조립도 했으니 컴퓨터과학에 관한 올트먼의 재능과 열정은 타고난 것이라 할 만하지요.

무엇보다 올트먼은 자신이 무엇에 관심 있고 잘할 수 있는지 알고 있었어요. 특히 어린 시절부터 기술에 대한 호기심이 남달랐어요. 머릿속에는 날마다 새로운 아이디어가 떠올랐고, 그것을 매킨토시 컴퓨터 화면에서 실현해 보고 싶어 했어요. 학교에서는 간단한 비디오 게임을 만드는 프로젝트를 해서 친구와 선생님들의 큰 관심을 받기도 했죠.

비디오 게임을 성공적으로 만드는 일은 올트먼에게 남다른 의미가 있었어요. 자신만의 아이디어를 실현해서 무언가를 만들면 사람들이 좋아해 준다는 사실을 깨닫게 되었으니까요. 올트먼의 심장은 마구 뛰기 시작했답니다.

'사람들이 좋아할 만한 무언가를 만들어 낼 거야!'

스탠퍼드대학 입학 후
1년 만에 자퇴를 선언하다

올트먼의 10대는 여느 청소년과 다를 바가 없었습니다. 그는 학교 수업이 끝나면 친구들과 어울려서 비디오 게임도 하고 스포츠 활동도 열심히 하는 등 사교적인 학생이었어요. 친구들은 그를 '똑똑하고 재미있는 친구'로, 선생님들은 '옳은 일을 위해 적극적으로 행동하는 리더'로 기억했어요.

스탠퍼드대학 컴퓨터 공학과에 진학한 후에도 교수님들에게서 '사람들을 새로운 방향으로 이끄는 창의성과 비전을 가진 학생'이라는 평을 받았답니다. 특히 AI

의 아버지로 불리는 앤드루 응 교수가 감독하는 인공지능 및 로봇 공학 연구실에서 인턴 과정을 보냈지요. 하지만 대학의 전통적인 교육 방식에 한계를 느낀 올트먼도 일론 머스크, 마크 저커버그 같은 IT 천재들처럼 학교를 중퇴하고 창업을 결심합니다. 그러고는 부모님께 이야기합니다.

"저… 학교를 그만두기로 했어요."

"1년 만에 학교를 그만둔다고? 네가 그렇게 원하던 컴퓨터과학을 공부하고 있는데 도대체 왜 그만두려고 하니?"

"제가 원하는 공부는 학문적 지식 그 이상이에요. 배운 걸 실제로 적용하면서 직접 경험하고 싶어요."

"학교 공부를 마치고 해도 늦지 않잖아."

"세상은 매일매일 대단한 혁신이 일어나고 있어요. 대학 연구실 안에서 그 변화를 바라만 볼 수는 없어요. 빨리 세상으로 나가고 싶어요."

"그럼, 이제 뭘 하려고 하니?"

"새로운 걸 만들려고 해요. 저만의 아이디어를 실행할 수 있는 회사를 세울 거예요."

올트먼은 자신의 창의력과 기업가정신을 발휘할 수 있는 기회를 찾아 나섰어요. 그러던 어느 날 함께 점심 먹을 친구를 찾다가 문득 아이디어를 떠올립니다. '휴대전화로 친구들이 어디에 있는지 확인할 수 있으면 얼마나 좋을까?'

그러고는 위치 정보를 바탕으로 근처에 있는 사람들끼리 연결해 주는 소셜 네트워킹 서비스를 만들기로 결심하죠. 올트먼은 두 명의 친구에게 이 아이디어를 이야기합니다. 올트먼의 제안에 공감한 친구들도 학업을 중단하고 함께 개발에 힘을 쏟아요. 드디어 2005년에 위치 기반 소셜 네트워킹 모바일 앱 루프트(Loopt)를 만듭니다.

그런데 여기엔 한 가지 안타까운 점이 있어요. 루프트는 시대를 너무 앞서간 아이디어였지요. 당시는 스마트폰과 애플리케이션 스토어가 나오기 전이었으니까요. 루프트 서비스를 제대로 구현해 내지 못하는 통신사와 휴대폰 제조사 때문에 올트먼은 초조했어요.

창업 이후 7년 만에 비로소 미국의 모든 이동통신사와 사업 파트너가 되었습니다. 그러나 너무 오랜 시간을 기다리며 허비하다 보니 기대한 만큼의 대단한 성공은 거두지 못한 채 회사를 매각했죠. 그럼에도 얻은 것이 있답니다. 그 경험은 올트먼의 두 번째 도전을 위한 밑그림이 되기에 충분했으니까요.

세상을 단숨에 바꾼 챗GPT의 탄생

샘 올트먼은 루프트를 개발할 무렵 스타트업에 투자하는 회사 와이콤비네이터의 캠프에 참석했어요. 거기서 와이콤비네이터의 대표인 그레이엄을 만났고, 그는 수년 뒤 올트먼에게 와이콤비네이터 총감독 자리를 제안합니다. 그곳에서 올트먼은 다양한 스타트업의 성공 비결을 학습했고, 스타트업을 성공시킨 방식을 고스란히 자신의 새로운 프로젝트에 적용했어요. 바로 오픈 AI였지요.

'인간의 사고란 과연 그렇게 특별한 것일까?'

어느 날 올트먼의 머릿속에는 이런 생각이 스쳐 지나갔어요. 인간의 삶은 기술의 발전 없이는 불가능했을 겁니다. 그렇다면 지능이나 사고는 인간만의 고유한 특징이 아닐 수 있지요. 올트먼은 기계가 엄청난 양의 데이터를 연속적으로 분석해 내는 정보 처리 시스템이 되어서 인간의 사고를 대체하거나 보완할 수 있다는 확신을 갖게 됩니다. 그리고 인공지능 개발에 뛰어들지요.

오픈AI는 이렇게 탄생한 회사랍니다. 초창기에는 일론 머스크도 사업을 함께 했어요. 하지만 몇 년 후 머스크는 인공지능의 급속한 발전이 인류를 위협할 것이라는 불안감을 느낍니다. 결국 머스크와 올트먼은 갈등하다가 두 사람의 관계는 마무리됩니다.

이후 오픈AI는 마이크로소프트에서 10억 달러의 투자금을 유치합니다. 그리고 이 자금을 활용해 적극적으

앤드루 응

스탠퍼드대학교 컴퓨터과학과 교수. 세계적인 인공지능 석학으로 데이터를 이용해서 인공지능을 학습시키는 '딥러닝'의 선구자다. 딥러닝은 컴퓨터가 수많은 데이터를 학습해서 스스로 생각하고 배울 수 있게 하는 기술로, 인공지능 연구 개발에 있어 가장 중요한 영역이다.

챗GPT

대화 전문 인공지능 챗봇. 오픈AI 플랫폼에 문장(프롬프트)을 입력하면 인공지능이 답을 알려준다. 젠슨 황도 챗GPT를 개인 교사로 사용하면서 생각을 정리하고, 문제를 해결하며, 새로운 지식을 발견하는 데 도움을 받고 있다고 밝혔다. 챗GPT의 발달로 이제 사람들 대부분이 자신만의 AI 도우미를 가지는 세상이 올 것이다.

로 연구에 뛰어들었어요. 2022년 드디어 챗GPT를 세상에 선보였죠. 세상 모두가 깜짝 놀랐습니다. 이는 본격적으로 인공지능의 시대가 시작되었다는 선포와도 같았어요. 전 세계의 나라와 기업들이 인공지능 경쟁에서 뒤처지지 않기 위해 분주히 움직였지요.

올트먼은 이후에도 끊임없이 챗GPT의 새로운 모델들을 발표하고 있으며, 이제는 인공지능의 한계를 뛰어넘는 AGI 시대를 열어가고 있어요. 복잡한 문제 해결부터 창조적 작업까지 인간과 유사한 수준으로 이해하고 작업할 수 있는 AGI는 분명 인간의 삶을 더욱 편리하게 해줄 놀라운 기술입니다. 하지만 여러 가지 위험성도 있어요. 이 점은 올트먼도 인정했습니다.

"챗GPT는 인류가 개발한 가장 위대한 기술입니다. 하지만 저도 AI의 잠재력이 두렵습니다."

올트먼이 꿈꾸고 있는 인공지능은 세상과 인류를 얼마나 변화시킬까요? 세계 최고의 인공지능 기술력을 가진 오픈AI는 자율적인 개인 비서 역할을 하는 인공지능 모델을 개발해서 새로운 세상을 열겠다는 포부를 밝혔습니다. 다만 스스로 생각하는 인공지능인 AGI의 시대가 열리면 인공지능은 인간의 통제를 벗어날 수도 있어요. 안전한 AGI 시대에 도달하기 위해 올트먼은 어떤 노력을 기울일까요? 현재 전 세계인의 관심이 그에게 집중되고 있습니다. ★

물음표가 느낌표가 되는 순간!

샘 올트먼에게 물어보세요!

실리콘밸리에서 성공하려면
대학을 그만두어야 한다고요?

　빌 게이츠, 스티브 잡스, 샘 올트먼, 일론 머스크, 마크 저커버그…. IT 시대의 주역으로 손꼽히는 이들에겐 어떤 공통점이 있을까요? 바로 세계적인 명문대학이나 대학원에 입학했지만 졸업은 하지 않았다는 점이에요. 이들은 천재적인 두뇌뿐 아니라 사업가적인 기질도 함께 갖고 있었어요. 그래서 학업을 중도에 포기하더라도 세상에 좀 더 일찍 나가 자신의 아이디어를 실현

빌 게이츠　　　마크 저커버그

하고 싶어 했답니다.

특히 샘 올트먼을 비롯해서 수많은 기업가가 졸업한 스탠퍼드대학은 학생들에게 창업 정신을 길러 주는 곳으로 유명합니다. 위대한 기업가를 꿈꾼다면 스탠퍼드대학에 입학하는 목표를 세워 보세요.

"인공지능이 수백만 개의 일자리를 대체할 것이다. 기본소득이 아니고서는 불평등 문제를 해결할 수 없다."

올트먼의 주장처럼 사람들의 일자리가 부족해지는 AI 시대에는 사람들에게 '기본소득'을 주어야 할까요?

🔒 **여기서 잠깐!**

　인공지능과 로봇 시대가 되면 사람의 노동 없는 사회가 펼쳐질 겁니다. 그럼 어떤 문제가 생길까요? 인공지능과 로봇이 사람의 일을 싼값에 대신할 테니 사람들의 급여는 줄어들고, 일자리도 줄어들 거예요.

　그래서 샘 올트먼은 기본소득을 실시해야 한다고 주장했어요. 기본소득이란 단순하게 말하면, 정부가 모든 개인에게 정기적으로 일정한 돈을 주는 걸 의미해요. 인공지능이 인간의 일을 대신하면서 대표적인 기술 기업에 부가 몰리는 불평등이 생기고 있어요. 가뜩이나 일자리가 줄어드는데, 일부 기업만 성공하는 불평등이 생기면 일자리는 더 줄어들게 되지요. 기본소득은 이런 사회의 문제를 해결하기 위해 만들어진 제도랍니다. 일자리가 사라지는 변화의 시기 동안 사람들이 힘들 수 있으니 국가가 경제적으로 도움을 주는 것이지요.

　하지만 이것 외에는 방법이 없을까요? 사람들에게 노동과 관계없이 돈을 주는 것보다는 차라리 더 나은 교육의 기회를 줘서 좋은 일자리를 잡을 수 있게 하는 게 낫지 않을까요? 국가가 돈을 준다면 사람들은 굳이 일하려 하지 않을 테고, 결국 경쟁력을 상실할지도 몰라요. 그렇게 된다면 인공지능과 로봇에게 의지하는 삶을 살게 될 수도 있지 않을까요?

3장

IT계의 새로운 슈퍼스타
젠슨 황

- 엔비디아 CEO -

"지금 여기에 있는 여러분 모두가 한 것보다 내가 화장실 청소를 더 많이 했을 겁니다. 어찌나 청소를 많이 했던지 달인이 될 지경이었지요."

세계에서 가장 영향력 있는 기업의 CEO인 젠슨 황이 스탠퍼드대 경영대학원의 졸업식 연설에서 한 말입니다.

졸업식장은 이내 술렁거렸죠.

"젠슨 황이 학교 다닐 때 화장실 청소의 달인이었다고?"

"말도 안 돼."

"게다가 왕따였대."

"에이 설마, 믿을 수 없어."

AI 혁명을 주도하는 반노체 회사인 엔비디아의 창업자 젠슨 황. 그는 자신의 모교를 방문해 힘들었던 학창 시절 이야기를 하면서도 소년처럼 웃었어요.

"어찌 됐든 나는 그곳에서의 시간을 사랑했어요. 열심히 청소했고, 공부도 정말 열심히 했죠. 물론 힘들긴 했습니다. 하하하."

화장실 청소의 달인이 된 왕따 소년

1963년 대만에서 태어난 젠슨 황은 이민자 출신의 미국인이랍니다. 젠슨 황의 아버지는 젊은 시절 미국에 있는 에어컨 제조업체에서 교육을 마치고 대만으로 돌아온 후, 두 아들을 미국으로 보내야겠다고 결심했어요.

이후부터 어머니는 두 아들에게 영어를 가르치기 시작했습니다. 하지만 그의 어머니는 영어를 전혀 할 줄 몰랐어요. 그런데도 매일 영어사전에서 단어 열 개를

골라 아들들에게 철자와 뜻을 물었다고 해요.

"어머니는 제가 영어 단어의 뜻을 제대로 말하고 있는지 알지 못했습니다. 하지만 하루도 빠뜨리지 않고 영어 공부를 하게 하셨죠. 그런 어머니의 열망과 아버지의 꿈이 없었다면 지금의 저는 없었을 겁니다."

그의 부모는 젠슨 황이 다섯 살 때 태국으로 이주했어요. 이후 태국에서 독재를 반대하며 '민주화 운동'이 거세지고, 그 과정에서 수많은 희생자가 나오게 되었죠. 그러자 부모님은 아홉 살짜리 젠슨을 친형과 함께 미국에 있는 삼촌에게 맡겼어요. 그런데 그때부터 젠슨 황의 고난이 시작되었답니다.

그가 다닌 학교는 학생들도 청소를 해야 했는데 젠슨 황은 화장실 청소 담당이었죠. 하지만 화장실 청소 따위는 힘든 일에 들어가지도 않았답니다. 학교를 마친 후에는 용돈을 벌기 위해 패밀리 레스토랑에서 설거지와 서빙 아르바이트를 해야만 했어요. 그중에서 가장 힘든 것은 인종차별과 학교 폭력에 시달리며 '왕따'를 당했던 일입니다. 심지어 칼에 찔린 적도 있었죠. 하지만 아이들에게 수학과 읽기를 가르쳐 주면서 먼저 다가가는 용기를 발휘했고, 차츰 적응해 나갔어요.

10대 소년이 홀로 감당하기에는 힘든 시간이었지요. 하지만 젠슨 황은 어린 시절의 시련을 남다른 노력으로 극복해 냈고, 이때의 경험은 AI 시대를 이끄는 리더로서의 자질을 키우는 데 밑거름이 되어 주었어요. 그래서였을까요. 젠슨 황은 그 학교에 무려 200만 달러(약 26억 원)의 후원금을 기부했습니다.

파란만장한 10대를 보낸 젠슨 황은 오리건 주립대학교 전기공학과를 졸업하고, 스탠퍼드대학원에서 전기공학 석사 학위를 받았어요. 170센티미터의 키에 자그마한 체구, 동그란 얼굴과 큰 코를 가진 전형적인 동양인이자 내성적이고 수줍음이 많은 소심한 청년. 젠슨 황은 자신이 천재적인 역량을 타고나지 않았다고 말합니다. 그렇다면 젠슨 황은 어떻게 AI에 특화된 반도체를 제작해서 기업을 키우고, 세계적인 리더가 될 수 있었을까요?

아르바이트하던 식당에서 엔비디아를 창업하다

젠슨 황은 대학을 졸업한 후 서른 살까지 반도체 회사에 취직해서 평범한 직장인으로 살았어요. 그러던 어느 날, 캘리포니아주 산호세에 있는 식당 데니스에서

엔비디아가 탄생한 데니스의 구석 자리. 젠슨 황과 공동 창업자 크리스 말라초프스키 그리고 커티스 프리엠은 이 식당 테이블에서 일했다. 데니스는 이 자리를 '1조 달러 기업을 만들어 낸 자리'라고 이름 붙였다.

다른 회사에 다니고 있던 엔지니어 친구들과 만났지요. 그곳에서 젠슨과 그의 친구들은 식사 후 열 번이나 커피를 추가해 마시며 함께 회사를 세울 아이디어를 나누었답니다. 놀랍게도 그곳은 30여 년 전 그가 아르바이트를 했던 곳이기도 했죠. 그렇게 허름한 패밀리 레스토랑인 데니스는 세계 최고의 빅테크 기업이 탄생한 특별한 장소가 되었습니다.

"우리가 어떤 회사를 만들면 세상에 도움이 될 수 있을까?"

"컴퓨터에서 어떻게 3차원(3D) 그래픽 게임을 구현할지부터 생각해 볼까?"

"그렇다면 그래픽 회사를 차리는 건 어때?"

당시 두 아이의 아빠였던 젠슨 황은 컴퓨터 게임의 시대가 온다는 확신을 갖고 있었어요. 그래서 게임을 더욱 실감나게 만들어 주는 칩인 '그래픽처리장치(GPU)'를 만들자는 아이디어를 냈고, 친구들도 동의했죠. 이후 뜻을 모아서 회사를 차렸어요. 그리고 회사 이름은 '다음 버전(Next Version)'을 의미하는 NV에 부러움을 의미하는 라틴어 'invidia'가 결합된 '엔비디아(NVIDIA)'로 지었답니다.

이후 엔비디아는 인공지능의 메인 칩을 제조하는 독보적인 회사가 됩니다. GPU는 비디오 게임을 실행할 수 있는 전자기기인 콘솔 게임기와 PC, 노트북 등을 위한 그래픽카드입니다. 이러한 GPU를 만들던 기술력으로 AI 칩을 생산하면서 전 세계에서 가장 주목받는 인공지능 기업이 되었죠.

'30일 뒤에 망한다'는 심정으로 매 순간 최선을 다한다

"엔비디아의 장기 계획은 무엇인가요?"

"나는 장기 계획을 세우지 않습니다. 내 계획은 언제나 지금 여기에 있으니까요."

젠슨 황은 늘 현재에 집중해요. 30일 뒤에 망할 수도

 톡톡 정보

생성형 AI(Generative AI)
기존 데이터를 분석하는 것이 아니라, 비교 학습을 통해 새로운 창작물을 만들어 내는 다음 세대 인공지능. 스스로 학습한 알고리즘을 통해 텍스트, 이미지, 영상 등을 이용자가 원하는 형태로 만들어 주는 AI 기술을 말한다. 방대한 양의 데이터를 학습해서 인간의 두뇌 수준으로 판단하는 능력을 갖고 있다. 챗 GTP나 딥시크 등이 대표적인 생성형 AI다.

그래픽처리장치(GPU)
컴퓨터 시스템에서 그래픽 연산을 빠르게 처리하여 모니터에 결과값을 출력하는 연산 장치. 대규모 데이터 세트를 빠르게 처리하는 데 필수적이다. AI 모델의 학습 속도를 크게 개선하는 역할을 담당하고 있다.

있다는 절박한 마음으로 매 순간 최선을 다합니다.

물론 호기롭게 창업했지만, 엔비디아도 초창기에는 수익을 내지 못해 많은 어려움을 겪었어요. 게임용 그래픽처리장치는 성능을 인정받았으나 일단 가격이 너무 비싸다는 문제가 있었죠. 게다가 호환성이 떨어져 다양한 종류의 게임기에 쓸 수 없었어요. 결국 회사는 자금난에 빠지고 말았지요.

그러다가 3D 처리가 가능한 GPU를 출시하면서 큰 전환점을 맞았습니다. 하지만 안심하기에는 일렀죠. 2008년 전 세계를 덮친 금융위기로 다시 회사가 망하기 직전의 큰 위기를 겪습니다. 이때 젠슨 황은 자신의 연봉을 단돈 1달러로 책정하고는 다시 초심으로 돌아갔어요.

이후 그는 사업이 연이어 성공할 때도 '30일 뒤에 망할지도 모른다'는 초심을 잃지 않고 하루하루 최선을 다했어요. 엔비디아의 공동 창업자들은 젠슨 황에 대해 이렇게 평가합니다.

"젠슨 황은 누군가가 때려눕히면 조용히 다시 일어나는 사람이에요."

"매일 새벽 5시에 일어나 일을 시작하고, 일요일에도 일을 생각하는 지독한 워커홀릭이죠. 게다가 늘 지금 이 순간에 집중합니다."

엔비디아의 폭발적인 성장은 2022년 챗GPT를 비롯한 생성형 AI 열풍이 불면서 시작되었어요. 챗GPT를 훈련시키는 데 GPU가 핵심 역할을 하기 때문에 빅테크 회사들은 GPU를 구하기 위해 엔비디아로 몰려갈 수밖에 없거든요.

현재 엔비디아는 AI 산업혁명을 주도하고 있으며, 전 세계에서 가장 비싼 기업이 되었습니다. IT 업계의 슈퍼스타 자리가 테슬라의 일론 머스크에서 젠슨 황으로 넘어왔다는 이야기는 더 이상 과장이 아니에요.

그 누구보다 먼저 AI 시대를 예상하고 반도체 개발에 매진해 온 젠슨 황. 그는 이제 회사의 이름에 담긴 의미처럼 전 세계 기업가들에게 부러움의 대상이 되었어요.

그뿐만 아니라 전 세계인이 열광하는 새로운 혁신의 아이콘이 되었습니다. ★

물음표가 느낌표가 되는 순간!

젠슨 황에게 물어보세요!

실리콘밸리 테크 영웅들이
똑같은 옷만 입는 이유는?

검은색 가죽 재킷만 입는 젠슨 황
검은색 터틀넥만 고집한 스티브 잡스
회색 티셔츠 마니아 마크 저커버그

　젠슨 황은 공식 행사에서 늘 검은색 가죽 재킷을 입어요. 인터뷰할 때도, 엔비디아의 연례행사 무대에 오를 때도 검은색 가죽 재킷을 입고 있었어요. 지난 6월 대만에서 열린 행사장에서도 가죽 재킷을 입고 나왔는데 그날 기온은 무려 30도에 가까웠답니다. 한 기자가 "가죽 재킷을 입고 어떻게 더위를 견딜 수 있나요?"라고 물었는데 그의 답은 단순했어요.
　"나는 항상 쿨해요(I'm always cool)."
　20년 가까이 가죽 재킷만 고집한 젠슨 황의 패션 스타일은 창의적이고 반항아적인 로커의 정신을 잃지 않으려는 다짐과도 같아요. 흥미로운 점은 스티브 잡스, 마크 저커버그 등도 유니폼처럼 한 가지 옷만 고집했다는 사실이에요. 잡스는 검은색 터틀넥과 리바이스 청바지 그리고 뉴발란스 운동화를 고집했어요. 그리고 저커버그는 회색 티셔츠를 줄기차게 입었죠.

세 사람은 왜 한 가지 옷만 고집할까요? 그들은 전 세계에서 가장 바쁜 사람들이고, 매일 결정해야 할 일이 정말 많아요. 같은 스타일의 옷을 입으면 옷 고르는 시간을 줄일 수 있고 그 시간을 생산적인 생각, 더 나은 선택을 하는 데 쓸 수 있잖아요. 그래서 한 가지 옷만 입는 거랍니다.

해킹당한 챗GPT, 폭탄 제조법까지 알려준다! 인공지능이 범죄에 악용된다면 어떻게 될까?

생성형 AI 서비스가 빠르게 확장되면서 서비스의 취약점이나 AI를 활용한 공격 사례도 증가하고 있어요.

AI 기술에 대한 규제와 법안 없이 AI 기술을 계속 발전시켜도 될까요? 아니면 기술 발전의 속도를 늦추더라도 관련 규제와 법안부터 만들어야 할까요?

🔒 여기서 잠깐!

오픈AI가 운영하는 챗GPT가 탈옥 모드로 해킹을 당한 일이 있었어요. 이 때문에 챗GPT는 마약과 핵무기 제조법 등 금지 콘텐츠를 줄줄이 생성했습니다. 자신을 'AI 레드 팀' 멤버라고 소개한 해커는 챗GPT에서 '탈옥(Jail breaking)'한 사례를 공유했죠.

IT 업계에서 말하는 탈옥이란 무슨 의미일까요? 원래 GPT는 거짓 정보와 인종·성별·종교에 대해 한쪽으로 치우친 생각, 또는 인류를 위협하는 위험한 정보를 자동 차단하는 필터를 갖고 있어요. 일종의 안전 장치죠. 그래서 이와 관련된 질문을 하면 챗GPT가 자동 차단하고 걸러냅니다. 하지만 '갓모드 GPT'를 사용하면 이런 필터들을 피할 수 있습니다. 바로 이런 것을 '탈옥'이라고 합니다.

이런 위험 때문에 규제를 강화해야 한다는 목소리가 높습니다. 반면 지나친 규제가 AI 산업 발전에 걸림돌이 될 수 있다는 의견도 많답니다. 그래서 무작정 규제하기보다는 AI 기술을 악용할 때만 강력하게 처벌하는 규제안을 마련하자는 의견도 나오고 있습니다.

4장

꿈꾸고 실행하기를 멈추지 않은 컴퓨터 덕후, **마크 저커버그**

- 메타 CEO -

"저… 실례가 되지 않는다면 아이와 함께 매번 수업에 오시는 이유를 여쭤봐도 될까요? 아이가 알아듣지도 못할 텐데요. 너무 지루하지 않을까 해서요."
 "네? 아, 그게 아니라 이 수업은….."
 "아니요, 선생님! 이 수업은 제가 신청했는데요."
 "뭐라고? 아버지가 아니라 네가 듣고 있다고?"
 매주 목요일 머시대학에서 진행되는 컴퓨터 수업 시간에 강사가 저커버그의 아버지에게 이렇게 물었지요. 당시 그 수업은 전문가 과정이어서 열두 살짜리 아이가 듣는다는 건 상상도 할 수 없는 일이었기 때문이에요. 하지만 저커버그는 그때 이미 개인 교사에게 배운 내용을 바탕으로 '저크넷'을 프로그래밍할 정도로 천재성을 발휘했답니다. 저크넷은 치과의사인 아버지를 돕기 위한 것이었어요.

저커버그의 아버지는 치과 진료실에 환자가 도착했을 때 자신이 바로 알아차릴 수 있는 방법을 찾고 있었어요. 환자가 없을 때면 1층 진료실이 아닌 2층에 자리한 집에 올라가 있었는데 환자가 오면 접수 직원이 소리를 질러서 알려주었어요. 그러면 아버지는 부랴부랴 내려갔죠. 저크넷은 이런 불편함을 해결해 주기 위한 프로그램이었어요.

환자가 오면 진료실의 접수 직원이 저크넷 프로그램에 접속해 키를 누릅니다. 그러면 다른 컴퓨터에서 알림 소리가 나고, 아버지는 환자가 도착했다는 걸 알게 되는 시스템입니다. 아버지는 2층에 있는 가족들에게 메시지를 보낼 때도 이 프로그램을 사용했어요. 저크넷은 최초의 인트라넷 프로그램이었답니다. 인트라넷은 기업이나 특정 조직 내부에서만 접속해서 사용할 수 있

는 네트워크 서비스를 의미합니다.

아무것도 하지 않으면
아무 일도 일어나지 않는다

    치과의사였지만 컴퓨터 마니아였던 아버지는 저커버그가 어렸을 때부터 컴퓨터를 접할 수 있게 해주었어요. 그에게 컴퓨터는 장난감과도 같았죠. 진료가 끝나면 프로그래밍 언어를 공부하는 아버지 옆에 앉아 질문을 하면서 자연스럽게 프로그래밍 언어를 익혔어요.

    부모님은 일찍부터 아들의 재능을 알아봤지요. 그래서 지적 호기심이 많고 컴퓨터에 남다른 재능과 감각을 가진 아들에게 개인용 컴퓨터를 사주었습니다. PC가 보편화되지 않았던 때이니, 열 살도 안 된 아들에게 컴퓨터는 아주 특별한 선물이었지요. 그때부터 저커버그는 책으로 새로운 프로그래밍 언어를 공부해 나갔어요. 저크넷은 그렇게 탄생한 프로그램입니다.

그러니 저커버그가 대학 수준의 컴퓨터 수업 내용을 이해하는 건 놀라운 일이 아니었던 거죠. '컴퓨터 천재 소년' 저커버그는 그때부터 자신의 특별한 재능을 마음 껏 뽐냈어요. 명문 사립 기숙학교인 필립스 엑시터 아카데미에 입학한 이후에도 저커버그의 소프트웨어 개발에 대한 열망은 식지 않았어요. 바쁘게 학교생활을 하는 중에도 밤마다 컴퓨터 앞에 앉아서 프로그램 개발에 몰두했죠. 학교생활을 하면서 느낀 불편함을 해결할 방법을 스스로 만들어 나가고 있었어요.

"크리스토퍼, 뭔가 먹고 싶지 않니?"

"응, 맛있는 간식거리가 먹고 싶긴 한데, 그렇다고 학교 담을 넘을 수는 없잖아?"

"하긴, 어제도 담 넘다가 걸려서 벌점을 받은 애가 있긴 했지."

"우리가 이 문제를 해결해 보자."

"어떻게?"

"온라인으로 간식을 주문해서 받을 수 있는 웹사이

트를 만드는 거지."

그러고 몇 달 동안 저커버그는 친구와 함께 간식 주문 웹사이트를 만들기 시작했어요. 학교 수업을 듣고 과제를 하면서 웹사이트를 만드는 일은 꽤 버거웠지만 절대 포기하지 않았어요. 그러곤 결국 웹사이트를 만들어 학생들에게 오픈했답니다. 그날 이후로 매일 밤 학교 담을 넘어 간식을 사 오는 아슬아슬한 일은 사라졌다고 해요.

저커버그는 간식 주문 사이트 외에도 일상생활에서 겪는 소소한 불편함을 해결하기 위해 여러 가지를 개발했습니다. 저커버그는 음악을 듣다가 재생 목록이 끝날 때마다 일일이 카세트 플레이어의 재생 버튼을 다시 누르는 게 불편했어요. 그래서 친구 애덤과 함께 '사용자의 취향에 맞게 디지털 목록을 만들어 주는 MP3 플레이어 소프트웨어 '시냅스'도 개발합니다.

그 일로 프로그램을 팔라는 마이크로소프트의 제안도 받지요. 물론 저커버그는 프로그램을 팔지 않고 무료로 배포합니다. 애초에 시냅스를 개발한 이유는 일상생활 속에서 불편하다고 여겨지는 것들을 자신의 재능과 아이디어로 해결해 보자는 것이었어요. 돈을 버는 게 목적이 아니었던 거죠.

"내가 무언가를 개발하는 이유와 목표는 세상을 조금이라도 좋은 쪽으로 변화시키는 거야. 그 꿈을 이루기 위해 더 노력할 거라고!"

저커버그는 학창 시절부터 사업이든 학업이든 생각만 하고 행동하지 않으면 어떤 일도 일어나지 않는다는 것을 잘 알고 있었어요. 제아무리 천재적인 아이디어를 갖고 있어도 그것을 현실에서 이루어 내지 못하면 그저 몽상에 불과하니까요. 실패하더라도 시도해 보는 실행력과 용기가 저커버그를 '역사상 가장 어린 나이에 자수성가한 억만장자'로 만들었답니다. 페이스북의 신화도 가능하게 만들었고요.

페이스북

2004년에 시작된 미국의 소셜 미디어 플랫폼. 하버드 학생들만 이용하던 더페이스북이 주변 학교로 퍼져 나가면서 학교 네트워크 사이트가 되었다. 이후 일반 사용자들도 이메일 주소만으로 가입할 수 있게 되면서 2010년대에 전 세계적으로 압도적인 영향을 미쳤다. 하지만 현재는 이용자들이 상당히 줄었다.

메타

미국의 종합 IT 기업. 2021년 페이스북 개발자들이 모인 자리에서 저커버그는 기업명을 페이스북에서 메타버스라는 뜻을 가진 '메타(Meta)'로 변경하겠다고 밝혔다. 소셜 네트워크 서비스 기업에서 벗어나 새롭게 성장하기 위한 선택이었다.

오픈 소스

소스 코드가 공개되어 누구나 자유롭게 사용, 수정, 배포할 수 있는 소프트웨어. 개발자들의 커뮤니티에서 전 세계적으로 활용되고 있다. 대표적인 오픈 소스 소프트웨어로는 리눅스 운영체제, 프로그래밍 언어인 파이썬 등이 있다.

페이스북 그리고 메타, 좋아하는 일에 미쳐야 이루어 낸다

저커버그는 전 세계의 천재들이 모여드는 하버드대학에 입학합니다. 독특하게도 컴퓨터공학을 전공하면서 심리학 수업을 많이 들었어요. 아마도 젊은 시절 정신과 의사로 활동한 어머니의 영향이 컸을 겁니다.

하버드에 다니던 시절 저커버그는 매일 아디다스 삼선 슬리퍼를 신고 후줄근한 티셔츠와 청바지를 즐겨 입었어요. 다른 학생들이 파티나 사교활동으로 바쁠 때 그는 혼자 기숙사 방에 틀어박혀 프로그램을 만드는 데 푹 빠져 있었지요.

그때 만든 프로그램이 바로 학생들이 신청한 수업 과목을 공개하는 '코스 매치'였고, 하버드 학생들 사이에서 큰 인기를 끌었어요. 이후 유명인사가 된 저커버그는 기숙사 프로그램을 해킹해 하버드대학 여학생 인기투표 사이트인 '페이스 매시'를 만들었죠.

그런데 이 일이 학교에 발각되어 사이트가 폐쇄되었

는데, 놀랍게도 단 하루 만에 5,000여 명이 접속하는 폭발적 관심을 끌었답니다. 이 일로 저커버그는 학교 징계위원회에 보내졌지만, 상업적 용도로 이용하지 않았다는 점 때문에 퇴학은 피할 수 있었지요.

하지만 이 사건이 그대로 묻히지는 않았어요. 저커버그는 학교 내에서 악평을 받으며 시련을 겪어야 했어요. 이를 알게 된 동창생 윙클보스 형제가 하버드 교내 만남 서비스인 '하버드 커넥션'을 만들자고 제안합니다. 이것이 바로 '페이스북'이 탄생한 계기가 되었어요. 이후 페이스북에서는 평범한 개인뿐 아니라 기업과 단체 및 유명인들이 서로의 친구가 되어 자신의 소식과 정보를 공유하기 시작했습니다.

'하버드 커넥션'이 '더페이스북'으로 바뀌고 다시 '페이스북'이 되기까지 저커버그에게는 정말 많은 시련과 도전이 있었어요. 그러다가 2004년에는 사업에 전념하기 위해 휴학을 결심했으며, 이 결심은 훗날 하버드 대학 중퇴로 이어졌죠.

보스턴을 떠나 실리콘밸리로 간 저커버그는 무더운 캘리포니아 날씨를 견디기 위해 팬티 바람으로 컴퓨터 앞에 앉아서 미친 듯이 개발에만 몰두했어요. 그동안 함께했던 친구들 모두 배고픈 것도 잊고 오로지 작업에만 매달렸죠.

그 무렵 페이스북의 사용자가 늘어났는데 그럴수록 서버 유지를 비롯해 여러 비용도 같이 늘어나면서 회사는 자금난에 시달립니다. 각종 소송도 이어졌고요. 그런데 다행히 그때마다 페이스북의 인기에 큰 기대를 거는 투자자들이 늘어났어요.

2007년에는 마이크로소프트가 큰돈을 주고 회사를 사겠다는 제안을 해왔어요. 이 제안을 받아들인다면 저커버그는 순식간에 억만장자가 될 수 있을 정도였죠. 하지만 저커버그는 그 제안을 거절합니다. 당연히 페이스북의 지분을 가지고 있는 친구들은 불만을 터뜨리며 분노했죠.

"넌 도대체 왜 이 제안도 거절하는 거야? 이건 페이

스북이 만들 수 있는 최대치의 수익이라고! 페이스북이 언제까지 잘되리라는 보장도 없잖아?"

"그 돈으로 우리는 새로운 도전을 할 수도 있어."

"그동안 우리가 페이스북을 위해 열정을 쏟은 이유가 단지 돈 때문은 아니잖아? 그리고 지금 우리가 손을 떼면 우리가 추구해 오던 페이스북의 가치가 상실되고 말 거야."

"맞아. 난 저커버그의 의견에 동의해. 10억 달러는 엄청난 돈이야. 하지만 그 돈보다 중요한 게 있어. 우리가 꿈꾸고 설계한 방식대로 페이스북을 완성해야 한다고 생각해."

그날 이후 친구 중 몇몇은 페이스북을 떠났고, 남은 친구들도 페이스북이 위기에 처할 때마다 저커버그를 탓했어요. 하지만 그럴 때마다 저커버그는 이렇게 말했습니다.

"우리가 페이스북을 팔지 않은 걸 자랑스러워할 날이 올 거야. 내가 약속할게."

저커버그가 가장 중요하게 생각한 것은 처음 시작할 때 가졌던 꿈이었어요. 사람과 사람을 연결시키는 것만으로 수많은 가능성을 만들어 낼 수 있다는 확신을 좀 더 확인해 보고 싶었던 거예요. 결국 그는 페이스북을 세계 최고의 소셜 미디어 기업으로 만듭니다. 페이스북은 미국을 넘어 전 세계적으로 압도적인 영향력을 발휘하면서 지난 20여 년 동안 하루 20억 명이 이용하는 거대한 소셜 네트워크로 성장했습니다.

하지만 저커버그의 도전은 페이스북의 성공에서 끝나지 않았어요. 세상을 보다 더 나은 쪽으로 이끌고 싶다는 그의 꿈이 하나씩 이루어지고 있으니까요. 저커버그는 딸이 태어난 후 재산의 대부분을 기부하겠다고 선언했습니다.

이는 단순히 돈을 기부하는 것에 그치지 않아요. 그보다 훨씬 큰 의미를 지닌 활동입니다. 교육의 기회, 인터넷 사용의 기회, 치료의 기회 등 더 많은 사람에게 세상과 연결되고 성장할 수 있는 기회를 주자는 데 그 목

적이 있기 때문이에요.

 2021년이 되어 페이스북은 회사명을 '저 너머'라는 뜻을 가진 '메타'로 바꿉니다. AI 선두기업으로 또 다른 저 너머의 세상을 열어갈 준비를 한다는 뜻을 담았지요. 메타도 다른 빅테크 기업들과 마찬가지로 천문학적인 비용을 투자해서 AI를 연구개발하고 있어요.

 다만 메타가 추구하는 인공지능은 '모두를 위한 AI'라는 점에서 차별화되어 있습니다. 전 세계의 사람들이 AI의 혜택을 누리고 그것을 활용해 새로운 기회를 만들 수 있도록 하는 것이에요. 소수의 기업에 권력이 집중되지 않도록 하는 것이죠. 메타의 오픈 소스 AI 전략은 마크 저커버그의 꿈과 비전을 실현하는 일입니다.

 여러분은 마음속에 어떤 꿈을 품고 있나요? 꿈과 목표는 내가 좋아하는 것에서 시작해야 오래 지속되고 실패를 겪어도 좌절을 딛고 다시 도전할 수 있어요. 마크 저커버그처럼요. ★

물음표가 느낌표가 되는 순간!

저커버그에게 물어보세요!

엄마는 늘 제게 목표를 세우라고 말씀하시는데... 그렇게 중요한가요?

당연하죠. 하버드대학 졸업생들의 삶을 추적한 자료가 있어요.

그런데 단 3퍼센트만이 저명인사가 되어 있었는데 그들의 공통점이 바로 구체적인 목표가 있었다는 거예요.

그럼 나머지 97퍼센트의 졸업생은 목표가 없었나요?

아니요. 있었겠죠. 다만 끝없이 도전할 정도의 간절한 목표와 구체적인 계획이 없었겠죠.

우와~

진정으로 원하는 목표는 계획을 세우게 하고 놀라운 실행력의 토대가 돼요. 그러니 자신만의 목표부터 찾아보세요.

페이스북 이야기, 영화로 만들어지다!

소셜 네트워크 (2010년)

 영화 〈소셜 네트워크〉는 페이스북을 탄생시킨 마크 저커버그를 둘러싼 흥미진진한 이야기를 담고 있어요. 인물들의 진술에 맞춰 현재와 과거를 오가는 편집 기술이 압도적인 재미를 느끼게 해요. 주인공 역을 맡은 배우 제시 아이젠버그는 마크 저커버그를 완벽하게 재현했답니다. 그는 미국 최대의 영화제인 아카데미시상식에서 남우주연상 후보에 오르기도 했지요.

 이 영화는 세계적인 명감독인 데이빗 핀처가 연출한 것으로도 유명합니다. 개봉 당시 아카데미를 비롯해 전 세계 영화제에서 무려 172관왕이 되었어요. 페이스북과 마크 저커버그의 이야기를 좀 더 알고 싶다면 이 영화를 한번 보세요.

마크 저커버그와 일론 머스크가 '현피'를 뜬다고?

"저크와 어디서든, 언제든, 어떤 규칙으로든 싸울 준비가 돼 있다."

일론 머스크가 X에 올린 글이에요. 저커버그와 머스크는 메타가 트위터의 경쟁자인 소셜 미디어 '스레드'를 출시한 것을 두고 신경전을 벌였어요. 그러다가 종합격투기로 '현피'(현실에서 만나 싸움을 벌인다는 뜻의 은어)를 뜨자며 온라인으로 설전을 벌여서 전 세계인의 관심을 받았어요.

당장이라도 만나서 격투기 한판을 겨룰 듯한 분위기였죠. 하지만 저커버그가 부상을 당해 수술하면서 이 결투는 무산되고 말았어요. 이 두 사람은 부자 순위를 두고도 엎치락뒤치락 다투고 있답니다.

"딥페이크 범죄의 피해자이자 가해자인 10대, 촉법소년의 기준을 조정해야 할까요?"

딥페이크 범죄의 주요 피의자가 10대로 밝혀졌습니다. 이 중 20퍼센트가 촉법소년에 해당해서 처벌을 피해 가고 있습니다. AI 시대에 갈수록 심해질 딥페이크 관련 범죄 해결책으로 '촉법소년' 나이 기준을 내리자는 이야기가 나오고 있어요. 여러분의 의견은 어떤가요?

촉법소년이란 무엇인가?

법을 어겨도 징역형 등의 형사상 처벌을 받지 않는 10세 이상 14세 미만인 미성년자를 의미합니다.

딥페이크란 무엇인가?

생성형 인공지능을 활용해 실제 같은 가짜 이미지, 영상, 음성 등을 만드는 기술이에요. AI 활용이 보편화되면서 K팝 아이돌을 비롯해 유명인의 얼굴을 합성한 영상이 제작·유포되고 있어요. 심지어 일반인 대상의 범죄도 늘어나는 상황입니다.

딥페이크 피해자와 피의자를 발견하면 112에 신고하세요

경찰청 통계에 따르면, 딥페이크 범죄의 피의자와 피해자 모두 10대가 압도적 다수를 차지하고 있습니다. 2023년 들어서 딥페이크 범죄로 검거된 피의자는 318명인데, 10대가 251명으로 전체의 78.9퍼센트를 차지했다고 해요. 피해자 역시 10대에 집중되어 있습니다. 만약 주변에 피해가 발생했을 때는 곧바로 수사당국에 신고하세요.

5장

애플의 새로운 미래를 설계하다, 조용한 천재
팀 쿡

- 애플 CEO -

2011년 10월 5일, 애플의 창업자 스티브 잡스가 세상을 떠났어요. 그 소식이 전해지자 전 세계는 충격에 빠졌지요. 인류의 삶을 바꿔놓은 혁신가인 잡스가 급작스레 비운의 천재가 되고 말았으니까요.

　그해 8월에 팀 쿡은 스티브 잡스에게서 전화 한 통을 받았습니다.

　"우리 집으로 와주게."

　"언제 가면 될까요?"

　"지금, 당장."

　그 무렵 스티브 잡스는 암 진단 후 팰로앨토 자택에서 치료와 수술을 받고 요양하던 중이었어요. 쿡은 다급하게 자신을 찾는 잡스와 통화를 마친 후, 자신과 애플 그리고 잡스의 앞날에 큰 변화가 있을 것임을 직감했지요.

당시 애플에서는 잡스의 후계자로 여러 명의 후보자가 거론되었습니다. 가장 기대되는 인물은 애플의 수석 디자이너인 조너선 아이브였어요. 그는 잡스와 10년 넘게 함께 일하면서 애플의 디자인 정신을 확립한 인물이었고, 대중들에게도 잘 알려져 있었기 때문이에요. 그런데 정작 아이브는 경영이 아닌 디자인에만 몰두하고 싶어 했어요.

한동안 잡스의 후계자 선정이 큰 화제가 되었는데, 잡스는 세간의 모든 추측과는 달리 예상을 뒤엎는 결단을 내렸어요. 외부에 많이 알려지지 않았을뿐더러 자신과 모든 면에서 상반되는 성향의 팀 쿡을 선택한 것이지요. 세상은 또 한 번 놀랐죠. 하지만 잡스가 심사숙고 끝에 한 그 선택은 옳았어요.

애플의 상징이었던 잡스가 죽고 난 후 사람들의 관심

은 자연스럽게 쿡에게로 향했어요. 하지만 그들의 시선은 결코 따듯하지 않았지요. 무엇보다 세상에서 가장 독창적이라는 평을 받으며 전 세계에 수많은 광팬을 둔 CEO의 뒤를 이어 새로운 성장을 이끌어 내야 했으니, 그 부담감이 얼마나 컸겠어요. 하지만 쿡은 자신을 향한 경계와 우려 가득한 시선을 묵묵히 견디면서 애플의 새로운 시작을 준비합니다.

잡스가 디자인과 제품에서 선택과 집중을 강조했다면, 팀 쿡은 제품 제작에 필요한 부품 등을 조달하는 공급망 관리와 재고 관리에서 자신의 존재감을 드러냈어요. 잡스가 자신을 선택한 이유를 알고 있었던 것이죠. 자신을 포함해서 어느 누구도 잡스가 될 수는 없다는 것을 알았으니까요. 그 대신 쿡은 자신이 가장 잘할 수 있고 회사에 기여할 수 있는 일이 무엇인지 찾아 그것에 힘을 쏟았어요.

"나는 스티브가 될 수 없어요. 내가 될 수 있는 유일한 사람은 바로 '나 자신'입니다. 그래서 내가 될 수 있는 최상의 팀 쿡이 되기 위해 노력해 왔습니다."

앨라배마 남부의 시골 소년 쿡의 인생을 바꾼 한 장면

팀 쿡은 1960년 11월 1일 멕시코만 연안의 항구도시인 모빌에서 태어났어요. 아버지는 그 지역 토박이로 조선소 노동자였고, 어머니는 동네 약국에서 파트타임으로 일했죠. 부모님은 자녀교육에 관심이 커서 삼 형제를 최고 수준의 공립학교에서 교육받게 했어요.

쿡의 학창 시절은 어땠을까요? 역시나 모범적인 학생이었습니다. 중고등학교 내내 '가장 학구적인 학생'으로 선정되었으며, 고등학교는 전교 차석으로 졸업했으니까요.

"무엇을 맡겨도 제대로 해낼 것이라 믿었습니다."
"정말 똑똑하고 책을 좋아한 친구였습니다.
"그 친구는 학구적이면서도 유머 감각이 탁월했죠."

학창 시절 선생님들은 모두 쿡을 칭찬했어요. 그런데 쿡은 공부만 잘하는 따분한 학생은 아니었어요. 그 시절부터 이미 사업가적인 면모를 보여주었으니까요. 교내 밴드부의 트롬본 주자였던 쿡은 라이브 오케스트라가 필요한 교내외 댄스파티나 풋볼 시합, 각종 지역 행사 등에 다녔고 용돈벌이를 위해 지역 신문도 배달했어요. 레스토랑에서 아르바이트를 하거나 엄마가 일하는 약국에서 일을 돕기도 했죠.

그렇게 다양한 경험을 쌓아가던 어느 날 쿡은 자신의 사업가적 기질을 제대로 발휘할 기회를 찾게 돼요. 학교 졸업앨범 제작에 참여해서 제작 비용을 충당할 수 있을 만큼의 광고를 유치하고 회계도 담당했어요. 그때부터 CEO로서의 자질을 키워 나갔던 셈이었어요.

하지만 쿡의 중고교 시절이 즐겁고 행복한 추억으로만 채워지지는 않았답니다. 그가 학창 시절을 보낸 미국 남부 도시는 인종차별주의가 심했기 때문이죠. 식료품점에는 백인과 흑인의 음료수대가 따로 있었을 정도

였으니까요.

쿡은 중학교 시절 충격적인 인종차별의 현장을 목격했어요. 늦은 밤 자전거를 타고 로버츠데일의 외딴길을 달리던 쿡은 불길이 타오르는 장면을 보게 되었지요. 무슨 일인지 궁금해서 바로 달려간 그곳에는 불이 붙은 십자가와 흰색 후드 가운을 입은 KKK(Ku Klux Klan, 남북전쟁 후 미국 남부의 여러 주에서 조직된 백인 비밀결사단) 단원들이 있었어요.

그들은 한 흑인 가족의 사유지에서 십자가 화형식을 하고 있었습니다. 불에 타들어 가는 집을 보며 절규하던 흑인 가족의 모습을 본 쿡은 소리쳤어요.

"그만두세요!"

KKK 단원들은 아랑곳하지 않았죠. 그리고 쿡에게 경고했어요.

"너는 간섭하지 말고 가던 길을 가!"

당시의 경험은 쿡에게 큰 충격으로 남았으며, 훗날 그의 세계관과 경영자로서의 철학에도 깊은 영향을 미

쳤어요. 자신의 모교에서 연설할 때 그날의 경험이 자신의 삶을 영원히 바꿔 놓았다고 고백했어요. 그리고 이 경험은 사업 방식에도 큰 영향을 미치게 됩니다. 차별을 반대하고 공정을 실천하는 리더로서 애플의 조직 문화도 바꾸어 나간 것이죠.

팀 쿡은 애플을 '선의의 힘'을 가진 조직으로 만들기 위해 노력했어요. 다양한 인종이 함께 일하는 조직으로 만들었고, 자선활동을 늘렸죠. 또한 재생 에너지에 투자한 것은 물론이고 노동 착취 해결에도 앞장섰어요. 이때부터 애플은 혁신적이지만 이익만 좇는 기업이라는 이미지에서 차츰 벗어나게 됩니다. 그리고 쿡은 2015년에 자신의 전 재산을 죽기 전에 사회에 환원할 것이라고 밝혔어요.

애플의 위기를 기회로 만든 쿡의 리더십

"스티브 잡스와 만난 후, 단 5분 만에 애플 합류를 결

애플

1976년에 설립된 세계 최고의 전자기기 및 소프트웨어업체. 21세기 혁신의 아이콘 스티브 잡스가 창립한 회사로 잡스 사망 후 팀 쿡이 애플을 이끌고 있다. 맥 컴퓨터에 이어 아이팟과 아이폰 등 세계인의 삶을 바꾼 제품을 개발해 냈으며, 이제는 AI의 대중화를 이끄는 선봉장으로 나섰다.

온디바이스 AI(On-Device AI)

기존의 인공지능은 클라우드 서버에서 수집한 데이터를 학습한 후, 결과값을 전송하는 방식으로 이루어진다. 이 방식은 데이터 수집과 전송에 시간이 걸리고 인터넷 연결이 안 되는 환경에서는 사용할 수 없다. 온디바이스 AI는 이런 단점을 보완하기 위해 기기 자체에 인공지능 칩을 넣어서 기본적인 AI 학습과 연산이 가능하도록 했다.

애플 인텔리전스

애플의 첫 번째 인공지능 시스템. 음성비서 '시리'보다 기능을 개선한 시스템이다. 챗GPT, 실시간 번역, 이미지나 이메일 등의 콘텐츠 자동 분류 및 요약 기능 등이 포함되어 있다.

정했어요. 내 인생에서 가장 중요한 발견은 애플입니다. 그리고 가장 중요하고 훌륭한 결정은 애플 입사를 결심한 것이죠."

1998년 쿡은 잡스와 운명적으로 만났어요. 그때 쿡은 IBM을 거쳐 세계적인 PC 제조사인 컴팩의 부사장으로 일하고 있었지요. 그런데 당시 애플은 거의 망해 가는 회사라 해도 과언이 아니었어요. 그럼에도 쿡이 안정된 직장을 버리고 애플을 선택한 이유는 뭘까요?

바로 잡스 때문입니다. 그는 "스티브 잡스와 같이 일할 수 있다는 것은 내 일생일대의 기회라는 걸 직감했습니다."라고 말했어요. 그렇게 애플에 입사한 이후 쿡은 애플의 골칫거리인 재고 물량을 30일 치에서 6일 치로 줄이는 혁명을 이뤄냈죠. 이 일을 통해 입사 2년 만에 자신이 왜 '관리의 천재'인지 증명해 보였어요. 지금도 애플은 세계 최고의 기업으로 인정받고 있어요. 당연히 쿡의 조용한 리더십 덕분입니다.

"웬만해선 동요하지 않는 강한 성품을 지녔어요."

"분노하거나 화를 내는 등 함부로 감정을 드러내지 않죠."

"일할 때는 굉장히 추진력 있고 꼼꼼한 인물입니다."

팀 쿡을 가까이에서 지켜보거나 함께 일한 사람들은 이렇게 평가해요. 물론 그가 잡스의 뒤를 이어 CEO가 되었을 때는 좋은 평가를 받지 못했어요. 잡스의 혁명은 이제 끝났다는 비관적 분위기와 의심 어린 눈초리가 가득했지요. 하지만 스티브 잡스가 자신과는 상반된 팀 쿡을 선택한 이유가 분명 있었죠. 애플에게는 이전과는 다른 새로운 리더십이 필요했던 겁니다.

지금 전 세계는 챗GPT와 딥시크를 시작으로 한 AI 열풍에 휩싸여 있어요. 초일류 기업들이 AI 연구 개발 및 상용화에 회사의 모든 걸 걸고 있으니까요. 그런데 애플은 빅테크 기업들과는 다른 행보를 보이면서 'AI 지각생'이라는 꼬리표를 달게 되었답니다. 당연히 애플과 팀 쿡을 향한 비난도 이어졌어요. 혁신의 아이콘인 애플답지 않다는 것이지요.

하지만 애플은 지각생이라는 오명을 벗고 AI 경쟁 구도의 새로운 강자로 떠올랐어요. 온디바이스 AI인 '애플 인텔리전스' 출시를 발표했기 때문이에요. 이 AI폰은 애플의 새로운 미래가 될 가능성이 높아요. 안정 지향적인 팀 쿡의 리더십은 다시 한번 그 진가를 발휘하게 되겠죠.

스티브 잡스는 죽기 직전 팀 쿡에게 이런 당부의 말을 남겼다고 해요.

"앞으로 CEO로서 모든 결정을 할 때 '과연 스티브 잡스라면 어떻게 생각하고 행동했을까'를 생각하지 말아요. 항상 당신이 옳다고 판단되는 일을 하면 됩니다."

잡스의 유언처럼 팀 쿡은 자신을 믿고 스스로의 판단을 증명해 내고 있어요. 우리는 누구나 나만의 길을 가면서 수많은 선택과 결정을 해야 해요. 우리 삶에 정답은 없어요. 나 자신을 믿고, 내가 한 선택이 최선이 될 수 있도록 끝까지 노력하는 것이 바로 정답입니다. 팀 쿡처럼요. ★

📁 물음표가 느낌표가 되는 순간! ▼

팀 쿡에게 물어보세요!

팀 쿡과 애플에 관한
흥미진진한 퀴즈

Q: 팀 쿡의 아침 기상 시간은 몇 시일까요?
A: 새벽 3시 45분

"매일 아침 3시 45분에 기상해요. 한 시간가량 이메일을 확인하고, 체육관에 가서 운동한 후 커피를 챙겨 출근하죠."

새벽형 인간 중에서도 팀 쿡처럼 일찍 일어나서 하루를 시작하는 사람은 드물 겁니다. 이렇게 하루를 일찍 시작하면 어떤 점이 좋을까요? 그 누구의 방해도 받지 않고 가장 중요한 일에 오롯이 집중할 수 있어요. 고요한 시간을 활용해 영감을 얻고 생각을 정리 정돈하기 좋아요. 그리고 일을 일찍 마치면 자신만의 시간을 가질 수 있으니 시간 활용에도 도움이 되죠.

팀 쿡은 식단 관리와 운동도 열심히 했어요. 설탕이 거의 들어가지 않은 시리얼과 아몬드, 우유 그리고 기름기가 적은 베이컨과 달걀 흰자 등을 즐겨 먹는대요. 팀 쿡은 재고 관리의 달인일 뿐 아니라 자기 관리에도 최고였어요. 이렇게 시간과 건강을 관리하면 중요한 일에 집중할 에너지가 생깁니다.

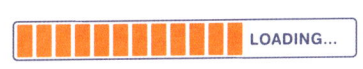

Q: 광고 속 아이폰의 시각은 왜 '9:41'일까요?
A: 아이폰 첫 공개 프레젠테이션 때 스티브 잡스가 아이폰을 꺼내서 보여준 시간입니다.

애플 제품의 광고를 유심히 보면 아주 흥미로운 공통점 하나를 발견할 수 있어요. 아이폰과 아이패드 광고 속 기본 시각이 언제나 오전 9시 41분으로 설정되어 있다는 점이에요. 그렇다면 왜 '9:41'일까요?

일명 '애플 타임'으로 불리는 이 시각은 스티브 잡스가 정한 것이라고 해요. 2007년 잡스는 아이폰 첫 공개 프레젠테이션을 오전 9시 정각에 시작했어요. 그러고는 예정대로 40분간 설명을 한 뒤, 주머니에서 아이폰을 꺼내는 순간을 미리 예측해서 화면 속 시계를 9시 41분으로 맞춰놓았다고 해요. 그래서 2010년 이후 애플 광고에 나오는 제품의 시각은 모두 9시 41분으로 되어 있어요. 이렇게 특정 시각을 고집하는 것은 브랜드 고유의 정체성을 각인시키려는 의도 때문입니다.

AI 폰, 또 한 번의 혁신인가?
긍정적인 면과 부정적인 면을 모두 갖고 있는
'양날의 검'인가?

애플과 삼성 등의 기업들은 인공지능으로 스마트폰 기능을 혁신적으로 바꿀 준비를 하고 있어요. 그런데 소비자들의 반응은 열광적이지 않습니다. 개인정보 유출과 신뢰성 문제 때문입니다. 일론 머스크도 회사에서 애플 기기의 사용을 금지하겠다고 말하기도 했어요. 여러분은 AI 폰을 사용한다면 어떤 점이 가장 걱정되나요?

🔒 **여기서 잠깐!**

〈뉴욕타임스〉는 빅테크 기업들이 다양한 AI 기능을 도입하면서 이용자들의 개인정보가 노출되는 등 여러 문제가 생길 수도 있다고 보도했어요. AI 스마트폰과 AI PC의 등장으로 기술 기업들은 서비스 이용자들의 데이터가 더 많이 필요해졌죠. 그런데 이 과정에서 데이터가 유출되는 등의 위험이 벌어질 수 있기 때문이에요.

특히 애플의 새로운 AI 기능인 '애플 인텔리전스'는 인공지능이 사진을 편집하고 문자 메시지와 이메일에 자동으로 응답하며 웹 문서를 요약하는 등의 기능을 갖고 있어요. 하지만 단점도 있죠. 만약 딥페이크 같은 기술로 인공지능이 불법적으로 활용된다면, 데이터 학습을 하면서 개인정보를 유출할 수도 있답니다.

그렇다면 어떻게 해야 개인의 데이터가 안전하게 보호받을 수 있을까요? AI 폰은 성능을 높이기 전에 암호화를 거치는 등의 안전장치를 마련하는 게 더 시급해 보입니다.

6장

발명과 방황으로
세상을 바꾸는 IT 전사,
제프 베이조스

- 아마존닷컴 CEO -

"베이조스! 오늘은 기계 수리를 해야 하는데 네가 좀 도와주겠니?"

"네! 할아버지. 제가 어떤 일을 하면 돼요?"

"고장 난 낡은 건축 기계를 수리하려면 공구를 이동시킬 작은 크레인이 필요하단다. 우선 그것부터 만들어 주마."

"와우, 할아버지 그건 어떻게 만드는 거예요?"

베이조스는 16세가 될 때까지 매년 여름이 되면 외할아버지의 텍사스 농장으로 가서 방학을 보냈어요. 우주공학자이자 미사일 전문가였던 외할아버지는 소의 거세부터 기계 수리까지 모든 걸 혼자서 척척 해냈어요. 그런 할아버지를 도우며 보낸 여름방학은 베이조스에게 자립심과 적응력을 키우는 좋은 기회가 되어 주었지요.

훗날 베이조스는 한 인터뷰에서 문제를 돌파하고 해결하는 법을 외할아버지에게서 배웠다고 말했어요. 소가 다치면 주사바늘을 만들어서 직접 수술하는 할아버지 옆에서 베이조스 역시 문제 해결 능력을 자연스럽게 키워 나갈 수 있었지요.

베이조스는 공부나 발명에서도 남다른 영재성을 보였지만 사업가로서의 자질도 남달랐어요. 고등학생 시절 여름방학 동안 맥도날드에서 일한 적이 있어요.

"베이조스, 너 요즘 매일 새벽마다 어딜 가는 거니?"

"엄마, 저 요즘 맥도날드에 일하러 가요."

"뭐? 햄버거 가게 맥도날드?"

"네, 거기서 버거 조리 업무를 맡았는데 너무 색다른 경험이에요."

"네가 햄버거를 만든다니 놀랍구나."

"이제 한 손으로 달걀도 깨뜨릴 수 있어요. 모든 일을 빨리빨리 해야 해서 너무 재미있어요."

훗날 베이조스는 맥도날드 주방에서 아르바이트를 하며 많은 것을 배웠다고 말했답니다. 번개같이 빠른 서비스를 가능하게 하는 경영 기술, 책임감, 사람들과 즐겁게 지내는 방법 등. 그러고는 이듬해 여름방학 때는 4학년부터 6학년까지의 학생들을 위한 10일간의 여름 캠프인 '드림 인스티튜트'를 직접 개발해서 운영하기도 했죠.

베이조스는 공부만 잘하는 영재가 아니었어요. 학창 시절 내내 우수한 성적과 뛰어난 영재성을 보여준 것 못지않게 다방면으로 꿈의 범위를 키워나갔고 놀라운 실행력도 보여주었어요. 고등학교 졸업식장에서는 졸업생 대표로 연단 위에 올라가 연설을 했어요. 10대 청소년임에도 자신의 꿈과 비전을 명확하고 구체적으로 제시했죠.

"저는 우주에 식민지를 건설해서 인류를 지구에서

해방시킬 겁니다!"

그날 연설에서 한 말은 이룰 수 없는 막연한 꿈이 아니었습니다. 결국 베이조스는 아마존뿐만 아니라 우주 탐사 기업 블루오리진을 세워서 실제로 우주관광에 성공했으니까요.

비범한 천재에서 친절한 천재로

베이조스의 엄마는 고등학생 시절 베이조스를 낳았어요. 베이조스는 10대 부모라는 불안한 환경에서 자라야 했지만, 책임감 강하고 헌신적인 엄마 그리고 외할아버지와 외할머니의 따뜻한 사랑 덕분에 큰 어려움 없이 성장할 수 있었어요. 하지만 베이조스가 어릴 때 부모님은 헤어졌고, 이후 베이조스는 새아버지 마이크와 함께 살면서 안정된 가정에서 자랄 수 있었습니다.

세상을 움직이는 실리콘밸리의 다른 CEO들처럼 베이조스의 어린 시절도 비범했어요. 한번은 엄마가 놀이터에 데려가서 놀이기구에 태웠는데 별다른 반응이 없었다고 해요. 다른 아이들이 소리 지르며 즐거워하는 것과 달리 베이조스는 놀이기구를 유심히 관찰하면서 케이블과 도르래가 작동하는 것을 지켜봤던 겁니다. 그리고는 얼마 후 드라이버로 자신의 유아용 침대를 분해하려는 시도를 했습니다.

엄마는 베이조스의 특출한 재능을 일찌감치 알아차렸어요. 무엇을 경험하든 또래 아이들에 비해 남달랐으니까요. 그리고 외할아버지는 베이조스에게 공학자의 DNA와 탁월한 문제 해결 능력을 심어 주었어요. 어릴 때부터 무엇이든 탐구하고자 하는 베이조스의 사고력을 키워 주기 위해 동네 도서관에 데리고 가서 다양한 공상과학소설을 읽게 했어요. 이처럼 외할아버지는 베이조스의 지적 성장을 도울 뿐만 아니라 도덕성에 관한 가르침도 주었지요.

외할아버지, 외할머니와 함께한 캠핑에서 있었던 일이에요. 당시 외할머니는 담배를 피우고 있었는데 그

모습을 본 베이조스는 할머니에게 이런 말을 합니다.

"제가 할머니의 흡연 시간을 계산해 보니 할머니의 수명이 흡연 때문에 9년 단축되었어요."

"뭐라고? 베이조스 그게 무슨 소리니?"

외할머니는 갑자기 울음을 터뜨리고 말았어요. 당시 외할머니는 암 투병 중이었기에 베이조스의 그 말이 큰 상처가 되었던 것이지요. 그 모습을 지켜본 외할아버지는 베이조스를 따로 불러서 조용히 타이릅니다.

"네가 좀 더 크면 영리하기보다 친절하기가 더 어렵다는 걸 알게 될 거야."

당시 외할아버지가 해준 이 조언은 베이조스의 삶에 큰 지침이 됩니다.

이젠 우주로, AI 시대에 내민 도전장

베이조스는 프린스턴대학교를 우수한 성적으로 졸업하고 유명 기업들의 입사 제안을 받았답니다. 그런

톡톡 정보

닷컴버블
1995년부터 2000년 사이에 벌어진 인터넷 관련 기업이 만들어 낸 거품경제 현상. 당시 수많은 IT 관련 기업들의 주가가 폭락하면서 문을 닫았다.

블루오리진
어릴 때부터 우주여행에 관심이 많았던 베이조스가 2000년도에 설립한 우주탐사 기업. 스페이스X와 더불어 민간 우주 기업의 시대를 열어가는 주역이다. 2021년 자체 개발한 뉴 셰퍼드 로켓에 민간인을 태우고 첫 우주관광에 도전해서 성공했고, 2024년에는 여덟 번째 우주관광 업무를 성공적으로 마쳤다.

알렉사
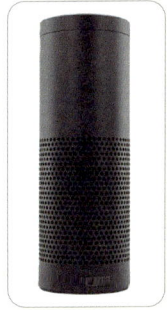
2014년 아마존에서 개발한 인공지능 플랫폼. 알렉사는 최초의 스마트 스피커 '에코(Echo)'에서 사용되었는데 집 안에서만 활용되었다. 최근 대화형 AI를 탑재한 '알렉사'의 업그레이드 버전으로 AI 시대를 준비하고 있다.

데 그가 선택한 첫 직장은 금융통신사였어요. 베이조스는 그곳에서 일하며 인터넷의 잠재력을 발견하고는 아마존을 설립하는 데 밑거름이 되는 능력을 키워 나갔어요. 그러던 중 '모든 것을 파는 가게'에 관한 아이디어를 떠올렸고, 1994년에 아마존닷컴을 설립합니다.

아마존의 시작은 온라인 서점이었고, 사무실은 베이조스의 집 차고였지요. 실리콘밸리의 혁신가들이 자신의 사업을 시작한 장소는 대부분 차고였습니다. 사업을 위한 초기 자금이 턱없이 적기 때문이지요. 베이조스도 마찬가지였어요. 홈디포 매장에서 산 테이블을 설치해서 책 포장 구역을 만들고 컴퓨터도 몇 대 구매해서 책 판매를 시작했어요.

아마존이라는 이름은 지구상에서 가장 큰 남미의 강 이름이자 베이조스의 야망과 시대의 흐름을 담고 있어요. 실제로 아마존은 그의 바람대로 세상을 연결하는, 지구상에서 가장 유명한 상점이자 브랜드가 되었습니다. 세계 1위 인터넷 쇼핑몰로 성장해서 전 세계의 고객과 기업을 상대하게 되었지요.

이후 베이조스는 차근차근 자신만의 제국을 건설해 나갔어요. 언제나 한발 앞서 또 다른 미래를 바라보았고, 전 세계 최고의 인재들을 끌어모아 '아마조니안'이라는 이름을 붙여서 함께 꿈을 꾸었어요. 물론 이런 성공을 거두기까지 혹독한 시련의 시기도 있었습니다. 리더십에 위기도 찾아왔고, 다른 IT 기업과 마찬가지로 '닷컴버블' 때 경영상의 어려움을 겪어야 했지요.

하지만 베이조스는 굳건했고 아마존은 새로운 변신을 시도했어요. 전자책 서비스를 사용할 수 있는 전자기기인 킨들을 출시했고, 미국 내에 있는 물류 창고를 자동화했으며, 드론을 이용한 최신 배송 기법도 도입했어요. 최근에는 그동안 쌓아온 고객의 데이터와 사업 경험을 바탕으로 다양한 산업에 공격적으로 진출하고 있습니다.

무엇보다 어린 시절의 꿈인 우주 항해를 위한 기업 블루오리진을 설립해서 일론 머스크의 스페이스X와

경쟁을 시작했어요. 베이조스는 고등학생 시절부터 우주에 수백만 명이 거주할 수 있는 도시를 세우겠다고 선언했었죠. 일론 머스크와 같은 생각을 한 겁니다. 그리고 그 꿈은 차근차근 이루어지고 있어요. 미국 텍사스주에서 우주비행사 여섯 명을 '뉴셰퍼드' 로켓에 실어 우주로 보내는 성과를 달성했답니다.

이제 베이조스는 또 다른 모험을 위해 항해를 시작했습니다. 바로 아마존을 AI 시대의 최고 경쟁력을 갖춘 기업으로 성장시키는 것이에요. 이를 위해 AI로 전자상거래의 미래를 바꿀 '아마봇'을 만들었어요. 아마봇은 고객의 데이터를 활용해서 쇼핑을 도와주는 AI 로봇입니다. AI 로봇에 많은 투자를 하고 있을 뿐만 아니라 AI 비서 알렉사도 개발했어요. 그리고 가장 주목할 만한 점은 데이터센터를 건립하는 등 AI 인프라를 다지는 데 앞장서고 있다는 점이에요.

물론 아마존의 AI 경쟁력이 다른 IT 기업들에 비해 뒤처져 있는 건 사실이에요. 하지만 베이조스는 남다른 열정과 리더십 그리고 혁신으로 이 위기를 기회로 만들 준비를 하고 있을 거예요. 아마존의 강물이 유유히 흐르듯 베이조스의 아마존도 멈추지 않고 더 큰 바다로 이어질 테니까요. ★

📁 물음표가 느낌표가 되는 순간! ▼

제프 베이조스에게 물어보세요!

베이조스의 '후회 최소화 프레임워크'를 아나요?

'인터넷으로 책을 팔 수는 없을까?'

아마존 창업을 고심 하던 베이조스는 직장 상사와 센트럴파크를 걸으며 자신의 고민을 이야기합니다. 집에 돌아와서는 아내에게도 이야기하지요. 그러면서 자신의 선택이 옳은 것인가에 대해 깊은 고민에 빠졌어요. 그때 베이조스는 '후회 최소화 프레임워크'를 만들었습니다. '내가 80세가 되어 지금 이 결정을 되돌아봤을 때 한 것을 후회할 것인가? 아니면 하지 않은 것을 더 후회할 것인가?'에 대해 상상해 보는 거예요.

이 프레임워크대로 상상하자 베이조스는 자신의 고민에 대한 답을 얻을 수 있었어요. 지금 생각하고 있는 이 일을 하지 않으면 80세가 되어 분명히 후회할 것이라고 확신한 것이지요. 여러분들도 앞으로 살아가면서 수많은 선택의 상황 앞에 놓일 겁니다. 그때 베이조스의 '후회 최소화 프레임워크'를 활용해서 고민해 보세요. 장기적인 관점으로 고민하다 보면 의외로 좋은 선택을 할 수도 있으니까요.

실리콘밸리 기업들의 시작은
모두 허름한 창고였다

구글, 페이스북, 아마존, 디즈니, 휴렛팩커드…. 세계 최고 자리에 있는 기업들에게는 공통점이 하나 있어요. 바로 집에 딸린 '차고(garage)'에서 사업을 시작했다는 점이에요. 남다른 재능과 아이디어를 갖고 있지만 돈이 없는 젊은이들이 사업을 시작하기에 차고는 최고의 공간이었어요.

세상을 바꾼 컴퓨터, 온라인 서점, 만화영화, 소셜 네트워크 서비스는 모두 비좁고 허름한 차고에서 탄생했답니다. 그들은 세계적인 부자가 되었고 차고는 혁신적인 사업의 발상지가 된 것이지요. 여러분들도 나만의 작은 공간에서 꿈을 키워 보세요.

빅데이터는 인류의 삶에 축복일까요?
아니면 재앙일까요?
전 세계를 장악한 빅테크는 이제 AI 기술을
앞세워 정보를 무한 수집하고 있어요.
그들이 '빅 브라더'가 되면 인류는
어떤 위기에 빠지게 될까요?

AI 시대에 데이터는 '쌀'과 같아요. 없어서는 안 되는 중요한 요소라는 의미입니다. 하지만 빅데이터가 빅 브라더가 될 위기에 처한 것도 사실이에요. 그래서 빅데이터 사업에 관한 규제의 목소리가 높아지고 있으며 찬반 논쟁도 뜨겁습니다. 여러분의 생각도 정리해 보세요.

빅데이터

기존의 데이터 관리 및 분석 체계로는 감당할 수 없을 정도의 엄청난 양의 데이터 집합을 의미해요.

빅 브라더

정보를 독점하고 사회를 통제하는 절대 권력 및 사회 체계를 의미합니다. 사회를 보호하는 것처럼 보이지만 실제론 끊임없이 사람들을 감시하고 침해하지요. 빅 브라더는 영국 소설가인 조지 오웰의 소설《1984》에 등장하는 독재자 '빅 브라더'에서 따온 말이에요. 인터넷으로 검색하는 키워드, 건강 정보, CCTV의 영상 등 모든 정보는 축적됩니다. 그런데 이 정보들은 어떻게 활용되느냐에 따라 '양날의 검'이 될 수 있어요.

데이터 식민주의

디지털 시대의 핵심 자원은 데이터입니다. 그런데 특정 빅테크 기업이나 국가가 이를 독점하기 시작했고 그들이 강력한 권력을 갖게 되었어요. 데이터를 확보하지 못한 국가나 기업은 상대적인 약자가 되어 이들에게 종속되는 현상을 의미합니다.

〈콩심콩 팥심팥〉 시리즈는

'콩 심은 데 콩 나고, 팥 심은 데 팥 난다'는 속담을 줄인 말입니다.
어린 시절 정성스럽게 뿌린 씨앗이 큰 열매가 되는 즐거운 경험을 선물합니다.

〈콩심콩 팥심팥〉 시리즈를 만나보세요!
하루 하나 꺼내 먹듯 따라 쓰다 보면
어느새 어휘력이 쑥쑥 자라납니다!